高等职业教育"十三五"规划教材

机械制图实训项目

主编 张启光

主审 赵洪庆

中国铁道出版社
CHINA RAILWAY PUBLISHING HOUSE

图书在版编目(CIP)数据

机械制图实训项目 / 张启光主编. —北京:中国
铁道出版社,2016.8(2017.7 重印)
高等职业教育"十三五"规划教材
ISBN 978-7-113-22219-2

Ⅰ.①机… Ⅱ.①张… Ⅲ.①机械制图-高等职业
教育-习题集 Ⅳ.①TH126-44

中国版本图书馆 CIP 数据核字(2016)第 189738 号

前　言

本书与张启光主编的《机械制图》教材配套使用,也可与其他《机械制图》教材配合使用,适用于高等职业院校机电、机制、数控、模具、汽车、铁道机车、铁道车辆等工程技术类相关专业。

为适应当今高等职业教育教学的特点,在编写本书时考虑了与高中阶段所学知识的衔接,在题型、题量、难度等方面进行了认真的推敲,降低了难度,注重与实际相结合。适当减少尺规绘图的作业量,增加徒手绘图的题量,以加强徒手绘图能力的培养。部分章节还加了综合练习,以加强知识和能力的拓展。

本书采用至今为止最新的《技术制图》、《机械制图》国家标准。

本书由山东职业学院张启光任主编,崔艳芳、王京廷、张娜、李红梅、郝美玲、孙晓燕、东健任副主编,刘洁、王萍、李晓、于延军、马述秀、牛婧、高洪辉、刘建宁、王凤娟、孙一平、刘瑞霞、周海燕、刘继峰、戴文静等参加编写,赵洪庆主审。

由于时间仓促以及编者的水平所限,书中难免有不当之处,望读者批评指正。有任何建议可与编者联系,以便修订时进行调整与改进,联系方式:zqg13906410486@163.com。

编　者

2016 年 4 月

书　　名:机械制图实训项目
作　　者:张启光　主编

策　　划:李小军　　　　　　　读者热线电话:(010)63550836
责任编辑:李小军　曾露平
封面设计:路　瑶
封面制作:白　雪
责任校对:汤淑梅
责任印制:郭向伟

出版发行:中国铁道出版社(100054,北京市西城区右安门西街 8 号)
网　　址:http://www.tdpress.com/51eds/
印　　刷:三河市兴达印务有限公司
版　　次:2016 年 8 月第 1 版　　2017 年 7 月第 2 次印刷
开　　本:787 mm×1 092 mm　1/8　印张:11.5　字数:339 千
书　　号:ISBN 978-7-113-22219-2
定　　价:29.00 元

目 录

1. 什么是图样——

2. 零件图包括的内容——

3. 装配图包括的内容——

4. 下面的零件图所表达的零件名称是(　　　　　)，比例为(　　　)，材料是(　　　)，用了(　　)个视图表达，用了(　　)种线型。

5. 右边的装配图所表达的装配体的名称是(　　　)，比例为(　　)，由(　　)种零件组成，用了(　　)个视图表达，用了(　　)种线型，分别是＿＿＿＿＿＿＿＿＿＿＿＿＿＿＿＿＿＿＿＿＿＿＿线。

（前3题每题2分，4、5题填空每空1分，最后一项4分）

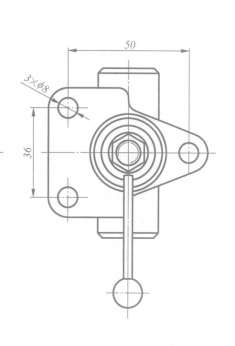

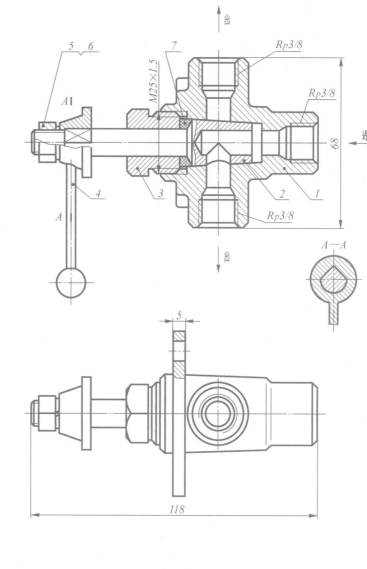

换向阀

工作原理：换向阀用于流体管路中控制流体的输出方向。在左图中所示情况下，流体从右边进入，从下口流出。当转动手柄4，使阀芯2旋转180°时，下出口不通，流体从上出口流出。根据手柄转动角度大小，还可以调节出口处的流量。

7		填料	1	毛毡	
6		螺母	1	Q235	GB/T 6170
5		垫圈	1	65Mn	GBT 93
4		手柄	1	HT200	
3		锁紧螺母	1	Q235	
2		阀芯	1	ZCuSn10Zn2	
1		阀体	1	HT200	
序号	代号	名称	数量	材料	备注

光明职业学院

标记	处数	分区	更改文件号	签名	年月日				换向阀
设计	张颖	23/06/16	标准化	李聪	23/06/16	阶段标记	重量	比例	
审核	张三	24/06/16						1∶1	01—01
工艺	马瑜	24/06/16	批准	赵科	25/06/16	共　张　第　张			

HT200

光明职业学院

填料压盖

01—01

标记	处数	分区	更改文件号	签名	年月日			
设计	张颖	23/06/16	标准化	李聪	23/06/16	阶段标记	重量	比例
审核	张三	24/06/16						1∶1.5
工艺	马礼	24/06/16	批准	赵科	25/06/16	共　张　第　张		

任务二 补画图线(每小题5分,共20分) 得分( )

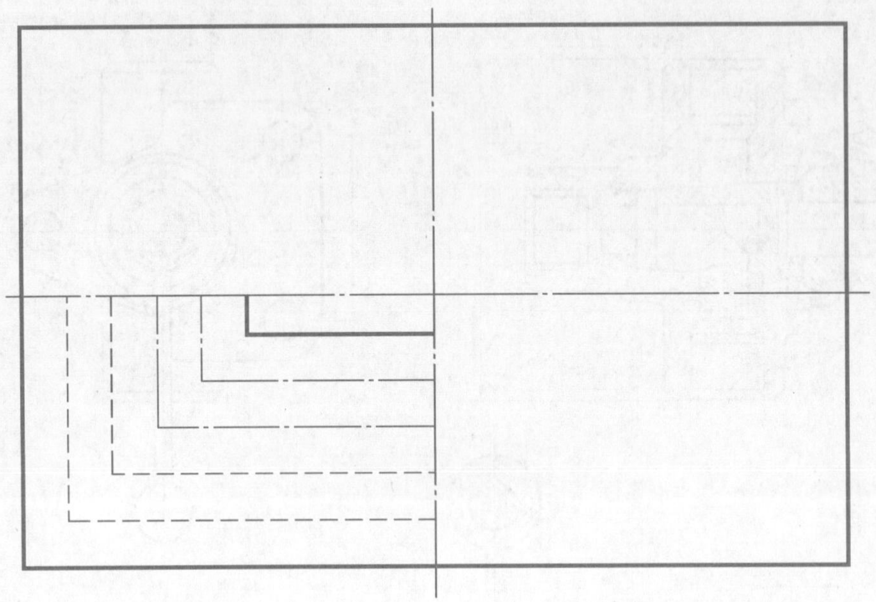

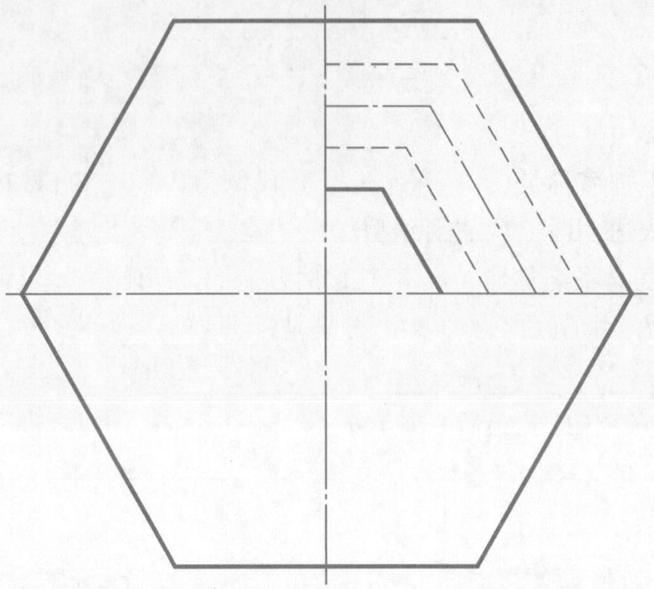

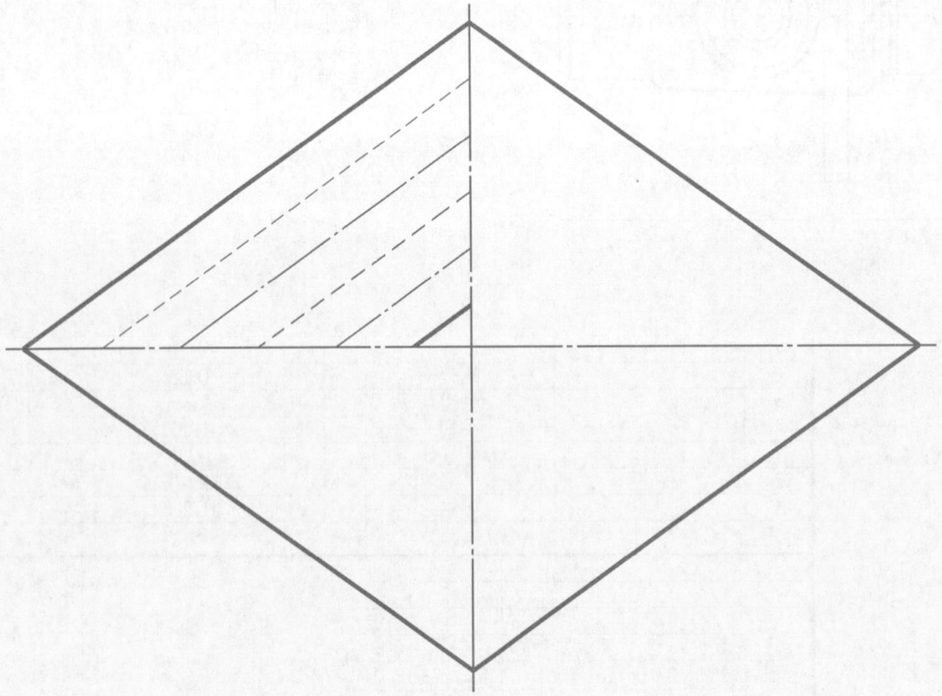

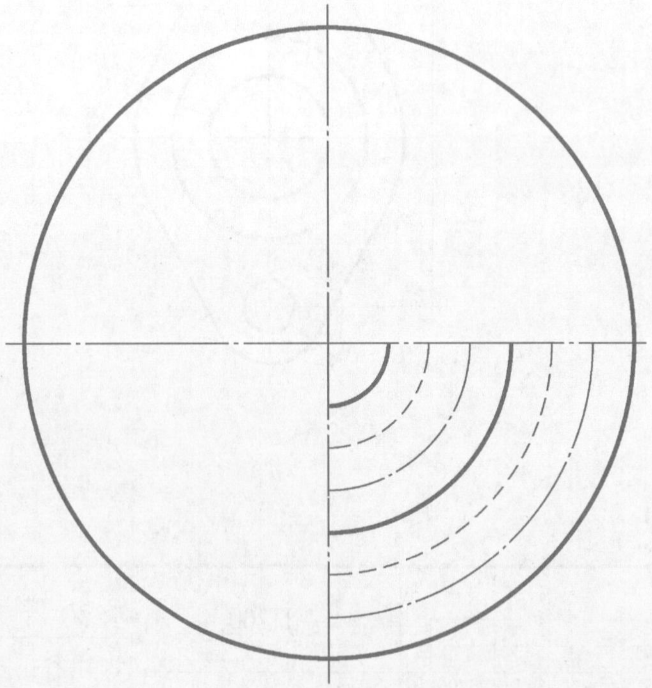

1.(11分)

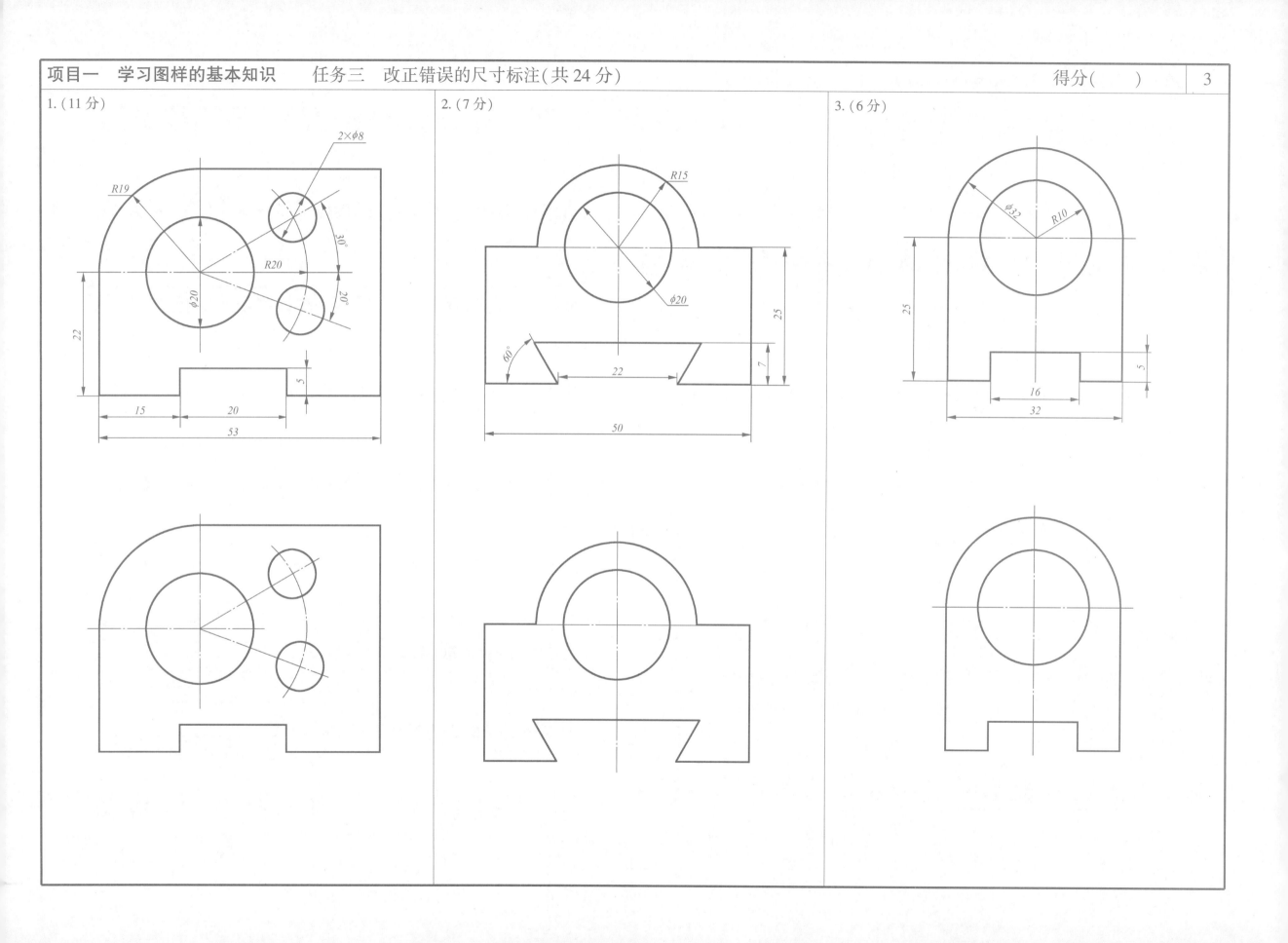

2.(7分)

3.(6分)

一 二 三 四 五 六 七 八 九 十 点 大 小 上 中 下

长 仿 宋 体 汉 字 书 写 要 求 横 平 竖 直 注 意

起 落 结 构 匀 称 满 格 书 写 笔 画 清 楚 字 体

规 范 工 整 班 级 序 号 旋 转 车 床 钢 铁 气 孔

机 械 制 图 弹 簧 剖 视 泵 阀 共 第 张 装 配 未 处 理 调 质

备 注 比 例 技 术 要 求 圆 角 其 余 签 名 审 核 箱 盖 标 题

0123456789　Ø68　0123456789　Ø90

ABCDEFGHIJKLMNOPQRSTUVWXYZ

ABCDEFGHIJKLMNOPQRSTUVWXYZ

abcdefghijklmnopqrstuvwxyz αβγ

abcdefghijklmnopqrstuvwxyz αβγ

0123456789　Ø20$^{+0.010}_{-0.023}$　0123456789　Ø20$^{+0.010}_{-0.023}$　Ø30$\frac{H7}{h6}$

abcdefghijklmnopqrstuvwxyz

abcdefghijklmnopqrstuvwxyz

I II III IV V VI VII VIII IX X XI XII

1. 根据三视图的投影规律填空。(15分)

由_____向_____投射所得的视图称为　主　视图　　主、俯视图_____对正。

由_____向_____投射所得的视图称为　俯　视图　　主、左视图_____平齐。

由_____向_____投射所得的视图称为　左　视图　　俯、左视图_____相等。

主视图反映物体的_____和_____。

俯视图反映物体的_____和_____。

左视图反映物体的_____和_____。

2. 根据立体图和三视图判断视图名称并填空。(3分)

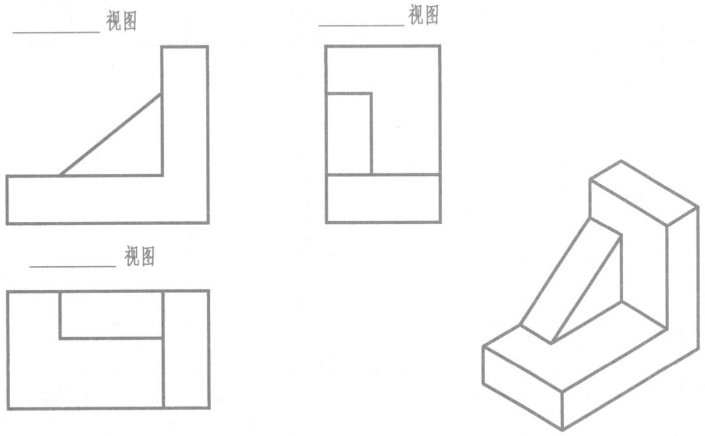

_____视图　　_____视图

_____视图

3. 根据立体图和三视图判断方位并填空。(8分)

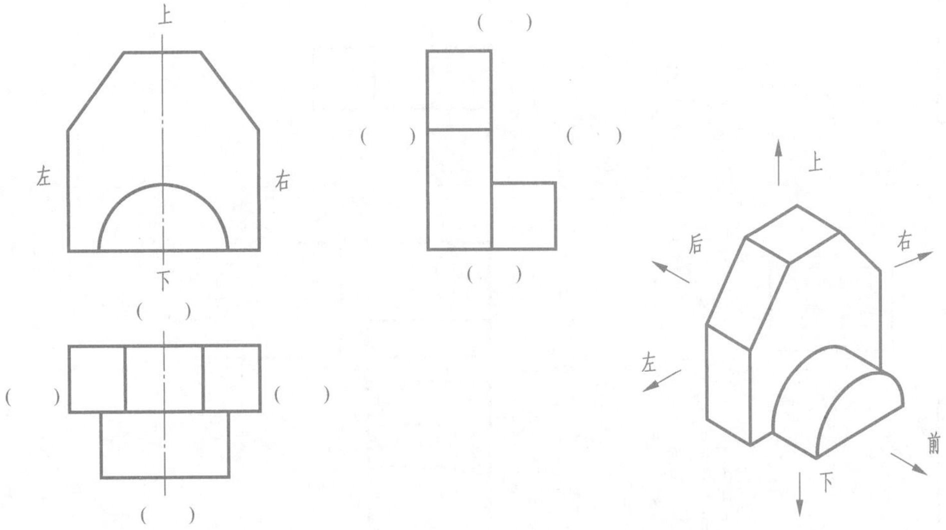

4. 参照立体图补画三视图中所缺的图线。(8分)

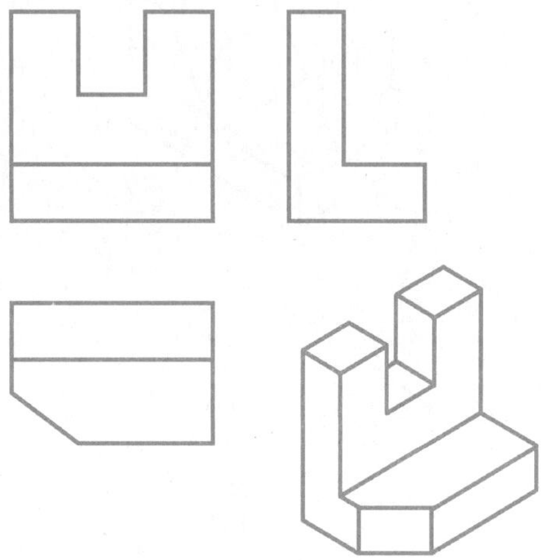

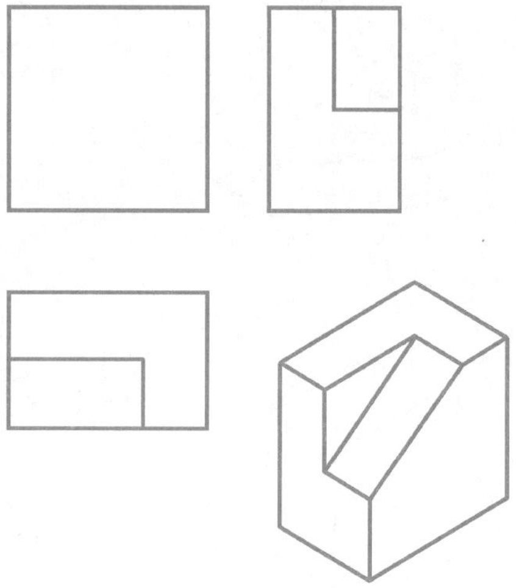

5. 参照立体图补画第三视图。(13分)

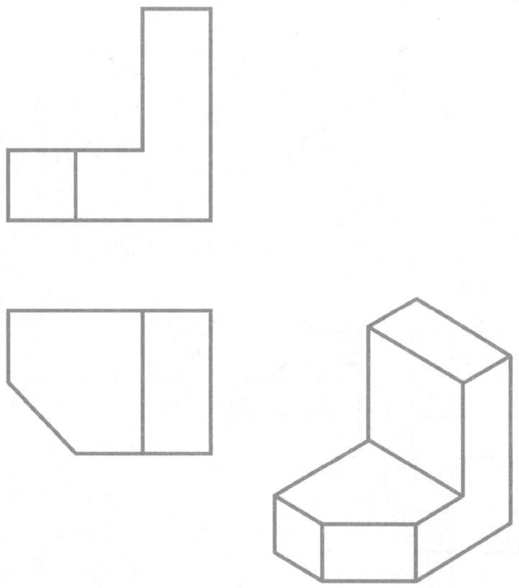

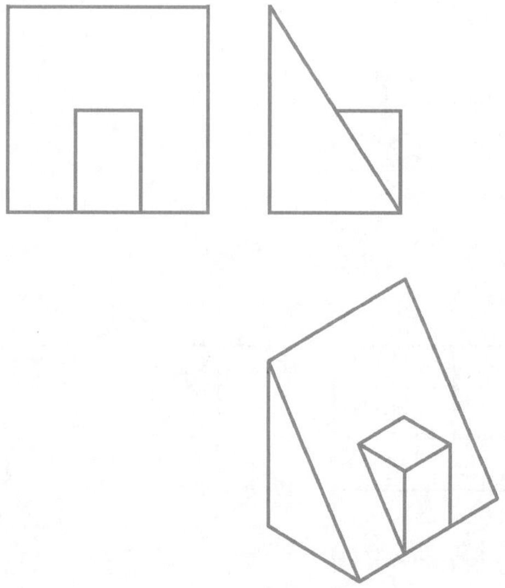

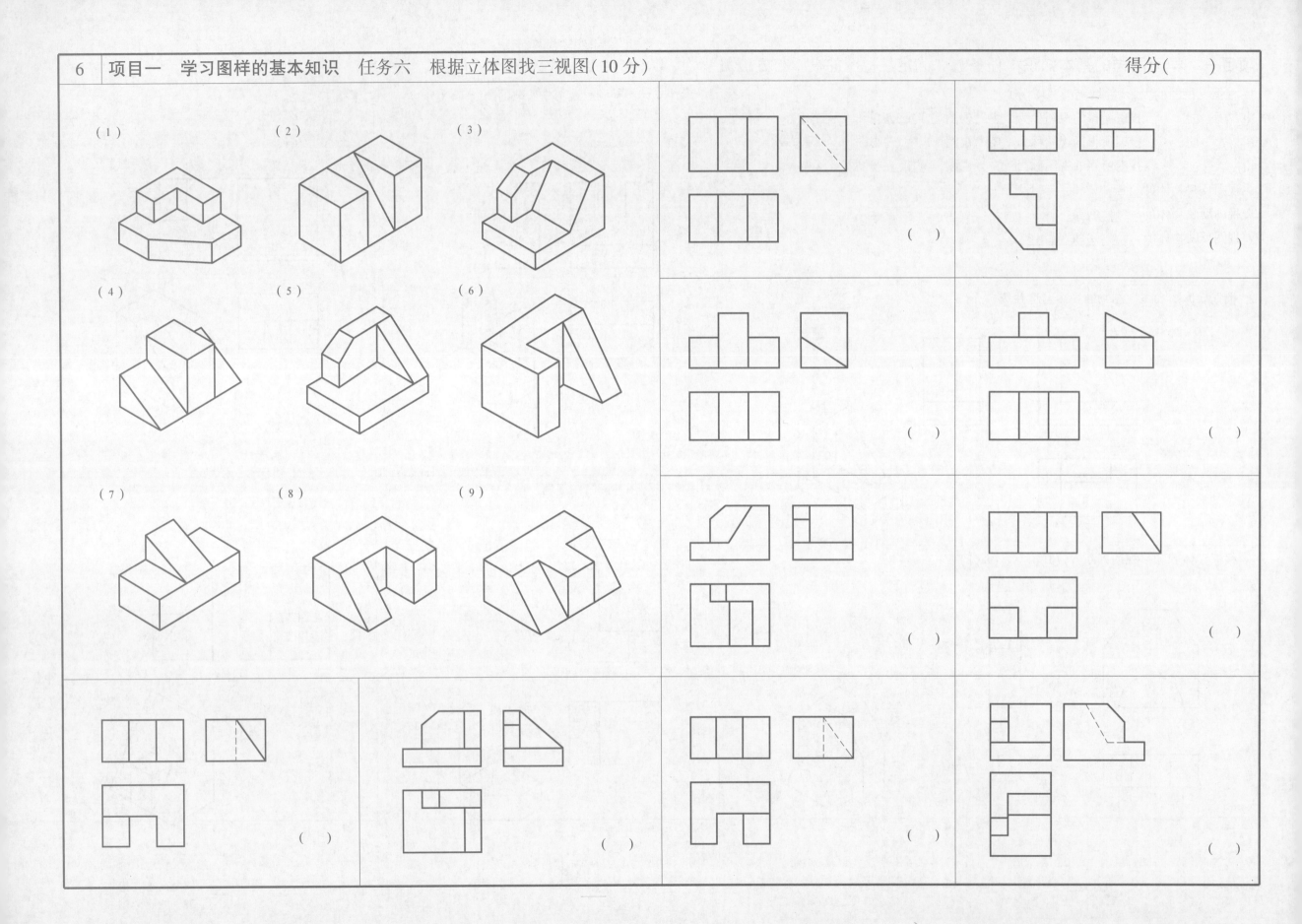

（1）　　　　　　　　（2）　　　　　　　　（3）

（4）　　　　　　　　（5）　　　　　　　　（6）

（7）　　　　　　　　（8）　　　　　　　　（9）

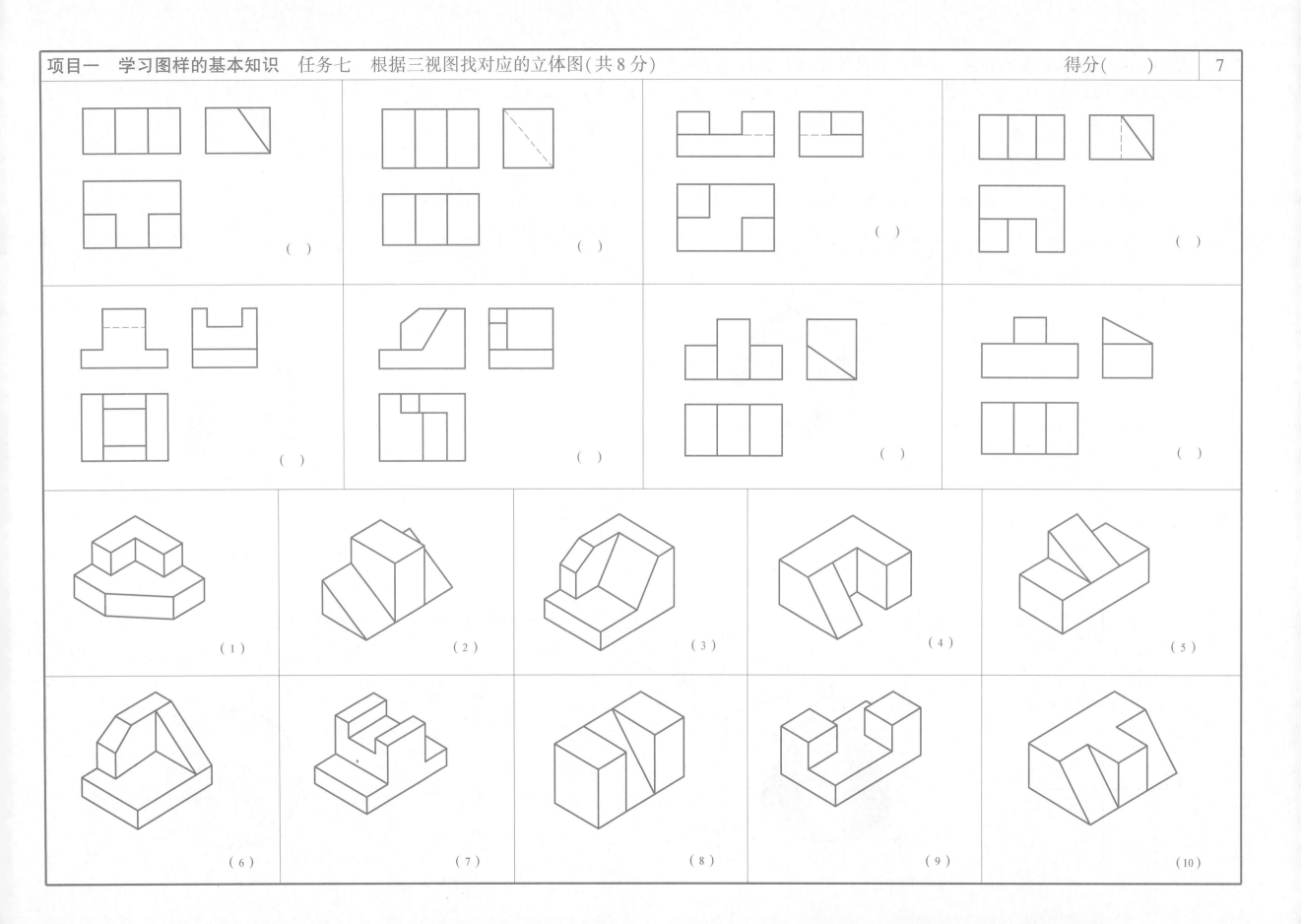

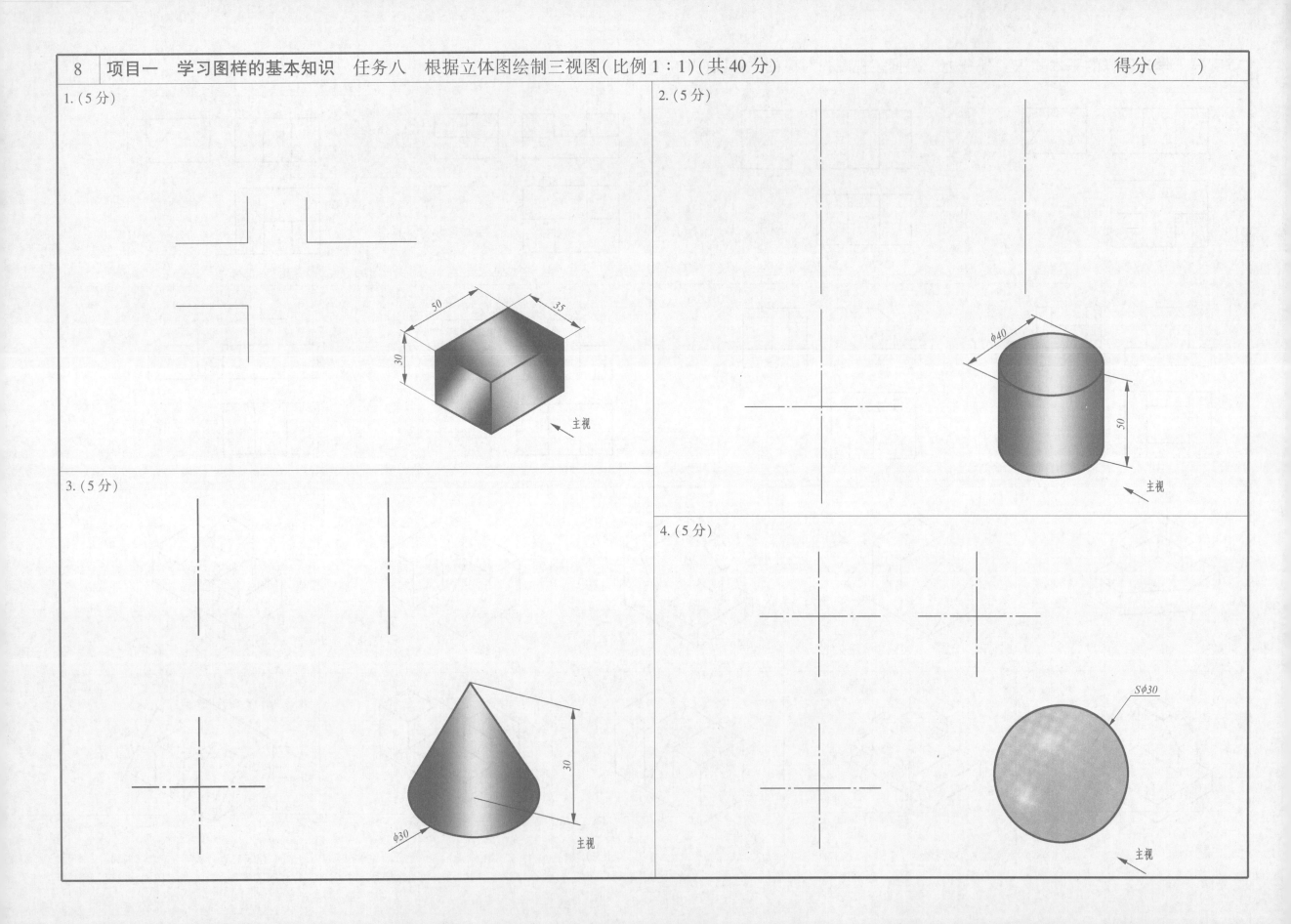

1.(5分)

50

35

30

主视

2.(5分)

φ40

50

主视

3.(5分)

30

φ30

主视

4.(5分)

Sφ30

主视

5.(5分)

6.(5分)

7.(5分)

8.(5分)

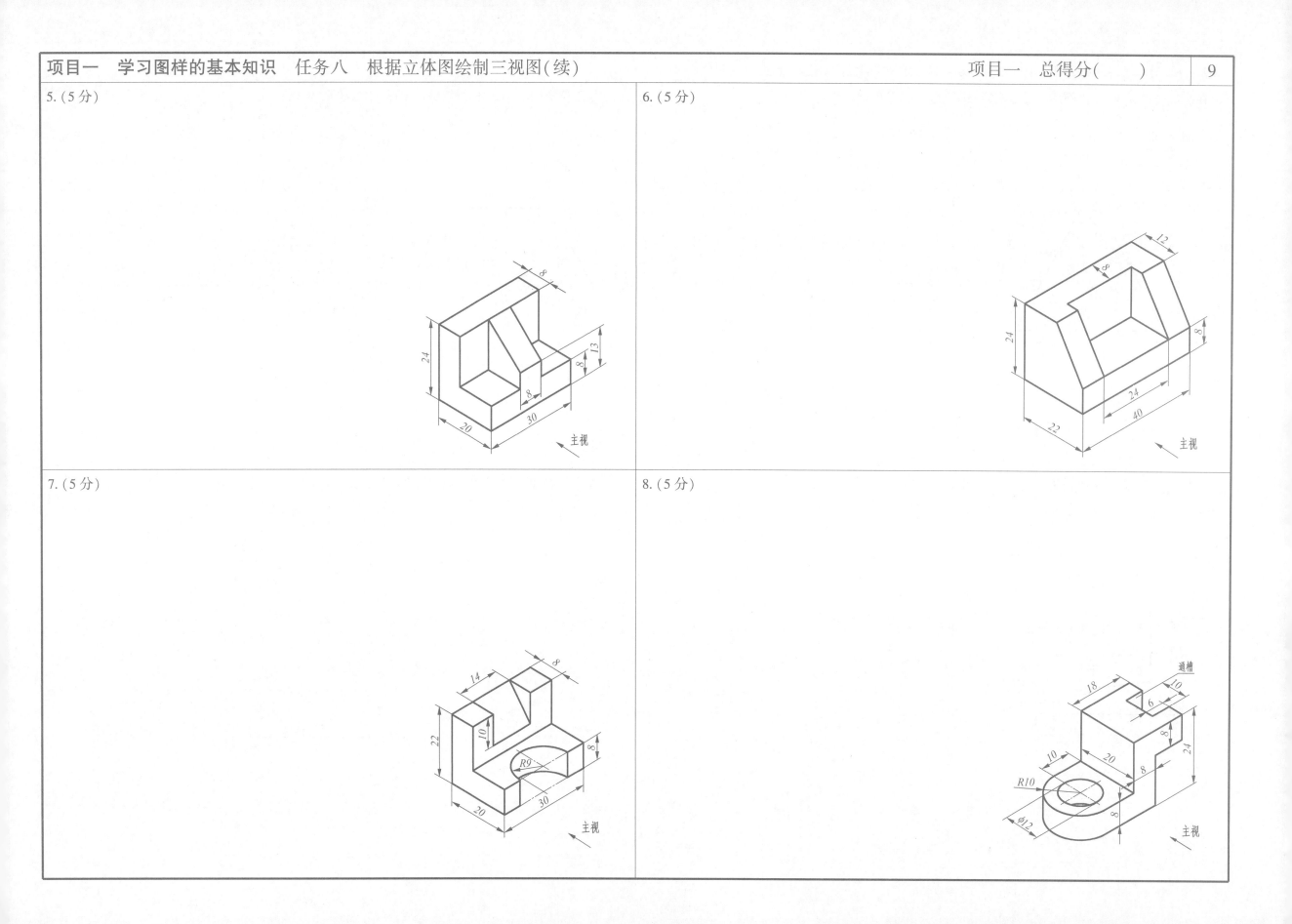

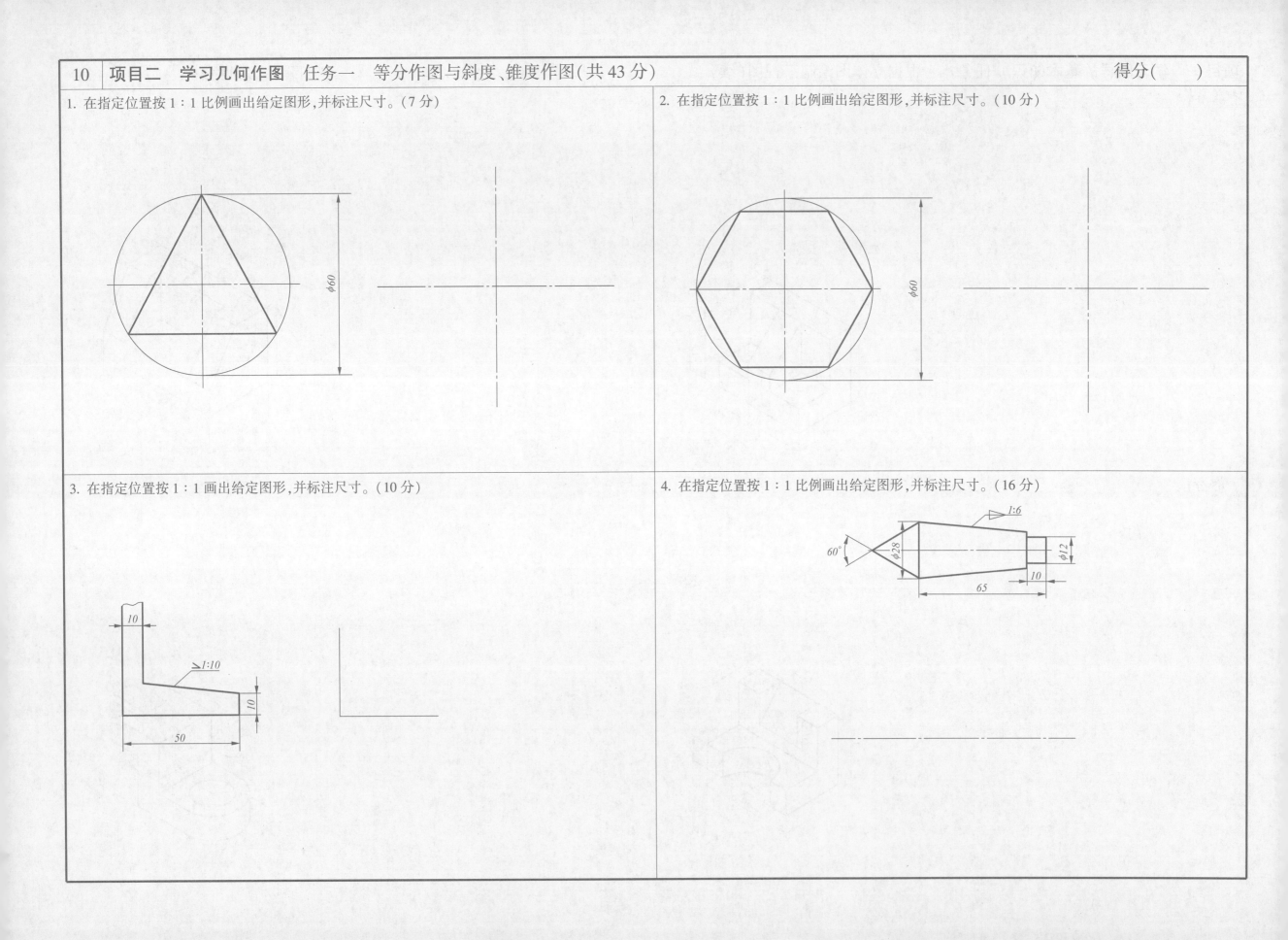

1. 在指定位置按1∶1比例画出给定图形,并标注尺寸。(7分)

2. 在指定位置按1∶1比例画出给定图形,并标注尺寸。(10分)

3. 在指定位置按1∶1画出给定图形,并标注尺寸。(10分)

4. 在指定位置按1∶1比例画出给定图形,并标注尺寸。(16分)

1.(2分)

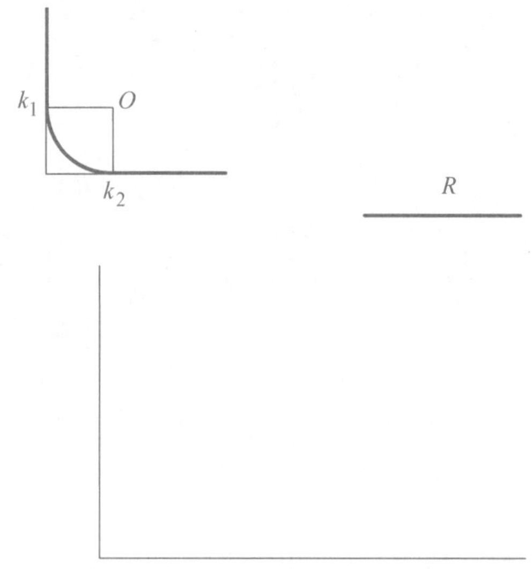

2.(2分)

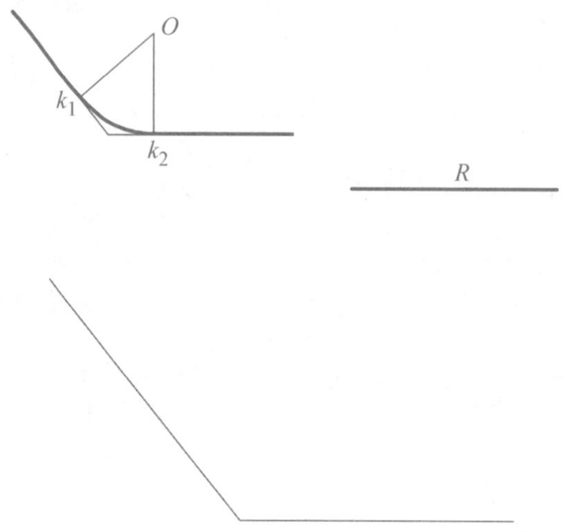

3.(2分)

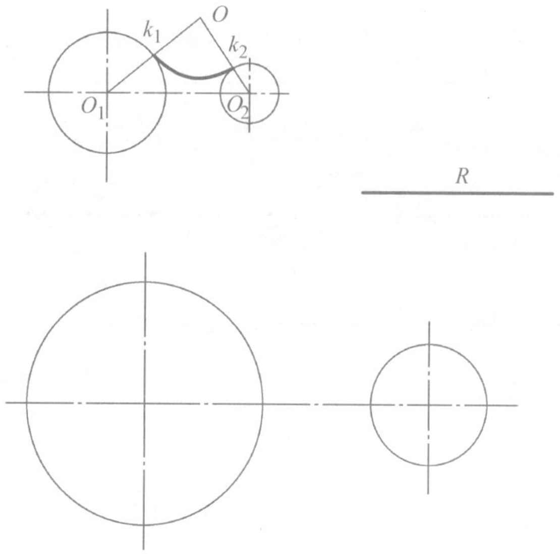

4.(2分)

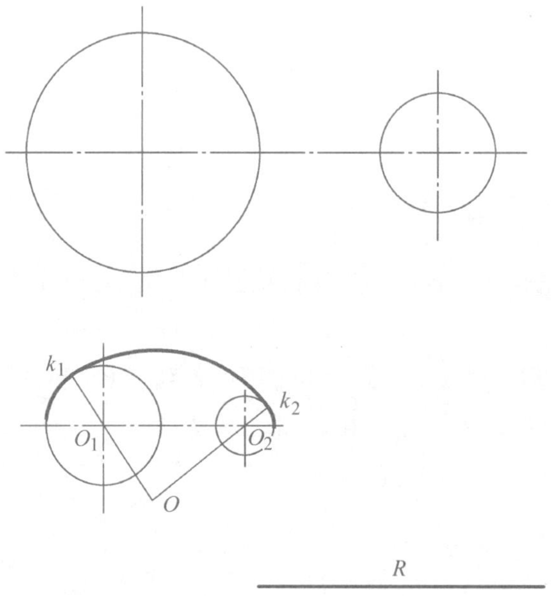

5.(4分)

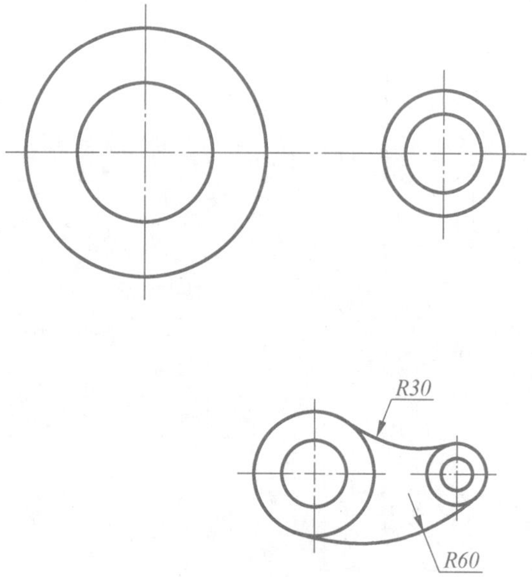

6.(4分)

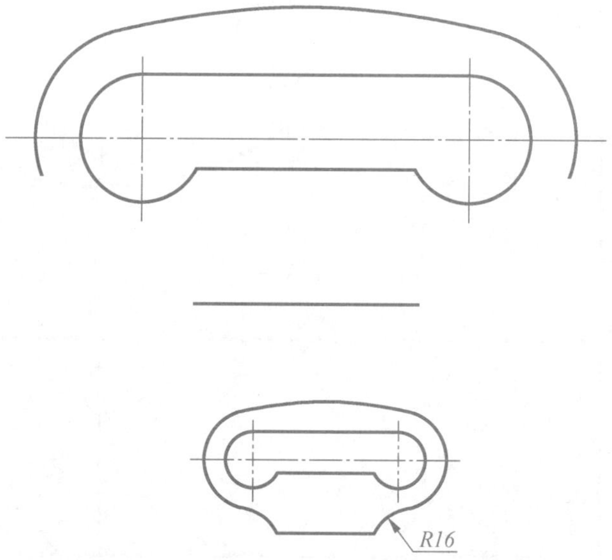

板图作业一　作业指导书

一、作业目的

1. 熟悉主要线型的规格及画法。

2. 掌握边框线和标题栏的画法。

3. 正确使用绘图工具和仪器。

二、内容与要求

1. 按图例要求绘制各种图线。

2. 采用 A4 图纸,竖放,比例 1:1。

3. 不注尺寸。

4. 作业要求:布局合理;图形正确;各种图线符合"国标"规格;图线光滑、清晰;同类图线粗细应一致,不同种类图线粗细应符合比例关系;字体书写符合要求;图面干净。

三、绘图步骤

1. 画底稿(用 2H 或 3H 铅笔),底稿线应"轻、细、准"地画出。

(1) 画图框线。

(2) 按零件图标题栏规格画出标题栏。

(3) 布局,确定画图顺序。

(4) 按图例中所注尺寸画图。

(5) 校对底图,清理多余线条。

2. 铅笔加深(用 HB 或 B 铅笔)。

按"先细后粗、先曲后直、先水平后垂直、最后倾斜"的顺序,自上而下、从左到右加深图线。做到同类图线一次加深,保证同类图线同宽。

3. 填写标题栏。

四、注意事项

1. 底稿线应"轻、细、准"地画出,不得马虎。

2. 善于使用绘图工具,用丁字尺和三角板配合画图。保持绘图工具清洁,这样才能保证图面干净。

3. 按线型规格画图。画虚线时应做到线段长短一致,间隔相等,画细点画线时应注意细点画线中间是短线段,而不是点。此图粗实线宽度宜采用 0.7 mm 左右。

4. 两组 45°的细实线,间隔约 3 mm(目测),间隔应相等。

1. 根据尺寸按 1:1 比例抄画手柄。(10 分)

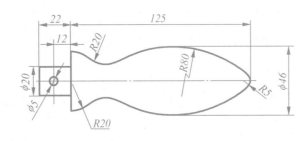

板图作业二 作业指导书

一、作业目的

1. 熟悉平面图形的绘制过程及尺寸标注方法。

2. 掌握线段连接的作图技巧。

二、内容与要求

1. 按教师指定的题号绘制平面图形。

2. 采用 A4 图纸,比例自定,标注尺寸。

3. 图线要求均匀、连接光滑。

三、绘图步骤

1. 对图形进行分析(线段分析和尺寸分析),拟定画图的顺序。

2. 画底稿。

(1)画图框线和标题栏。

(2)合理布局。

(3)画作图基准线,图形对称中心线,圆的中心线等。

(4)按已知线段、中间线段、连接线段顺序画出图形。

(5)画尺寸界线,尺寸线。

3. 检查后加深(加深步骤同作业一)。

4. 画箭头,填写尺寸数字,填写标题栏。

5. 校对并修饰图形。

四、注意事项

1. 布图时,应考虑到标注尺寸的位置。

2. 画底图时应准确找出连接圆弧的圆心和切点,这样才能保证光滑连接。底稿线应"轻、细、准"地画出。

3. 标注尺寸时应注意字头方向,圆弧或圆的尺寸线应通过圆心。

4. 字体书写应符合规定,图面应整洁。

板图作业二(选作)(100 分) 图名:平面图形 图号:02

2.

3.

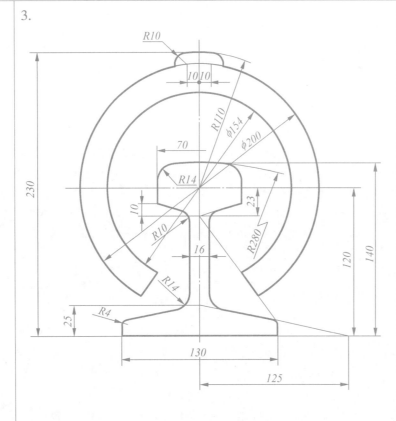

4.

5.

6.

7.

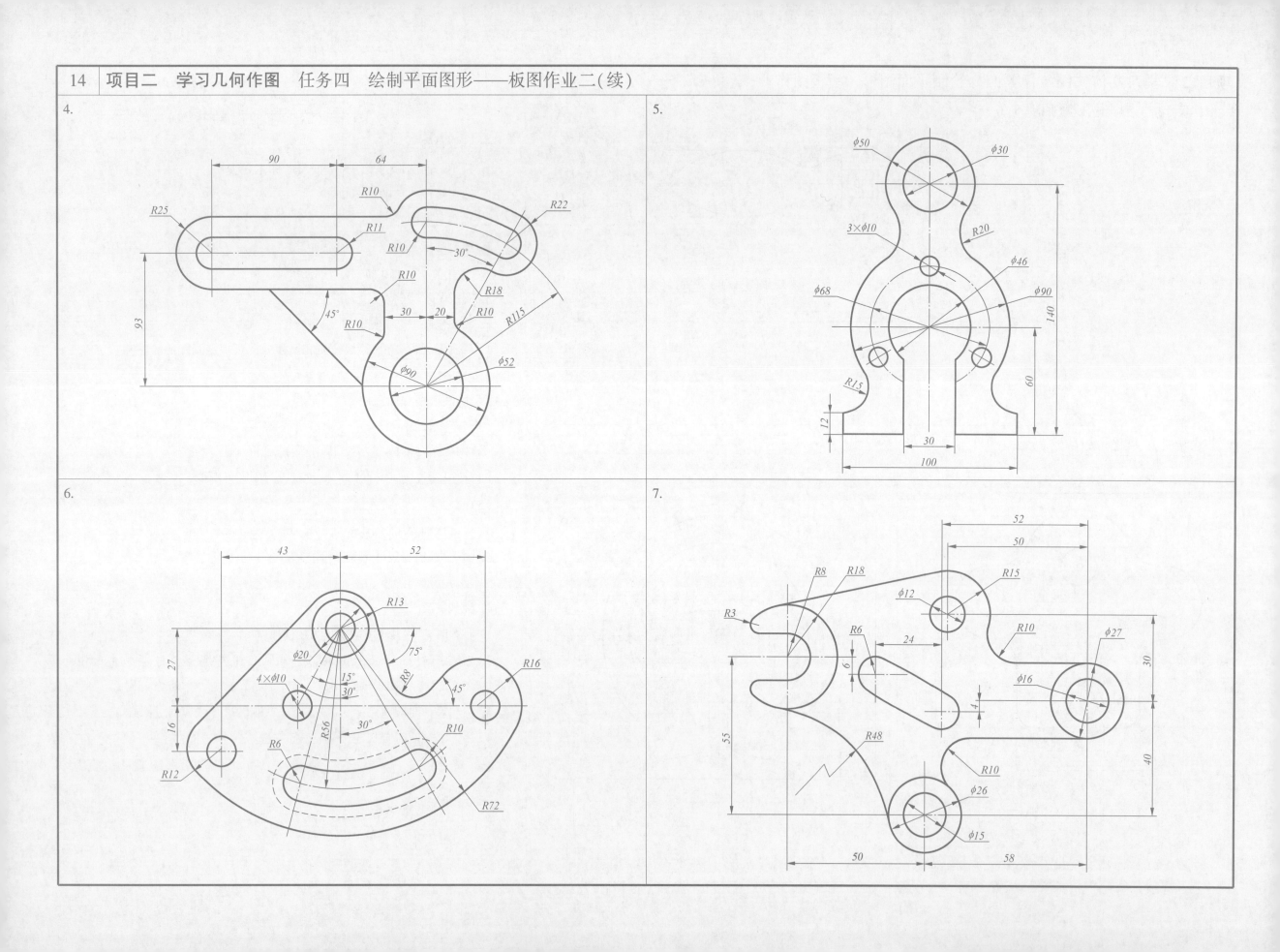

1. 徒手画三视图和轴测图。(5分)

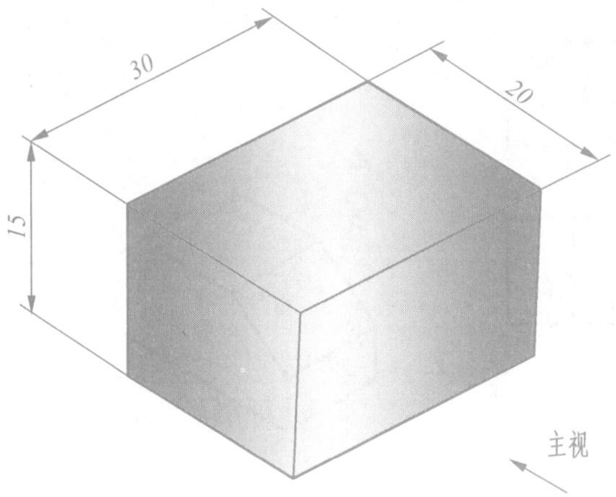

2. 徒手画三视图和轴测图。(5分)

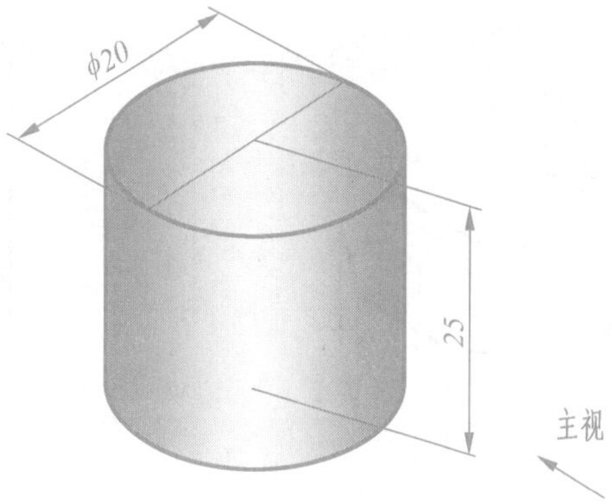

3. 徒手抄画平面图形并标注尺寸。(10分)

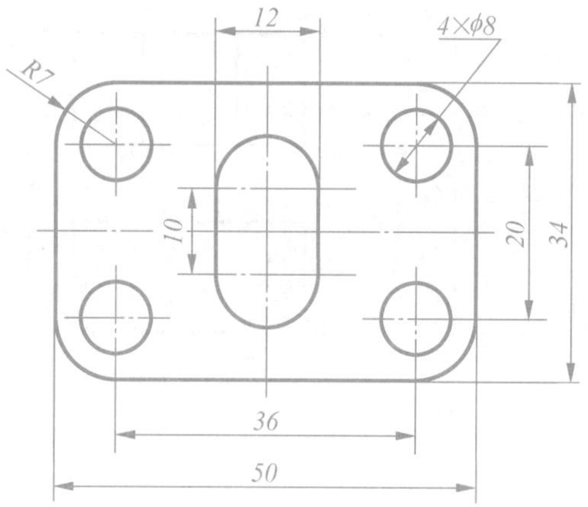

4. 徒手抄画平面图形并标注尺寸。(10分)

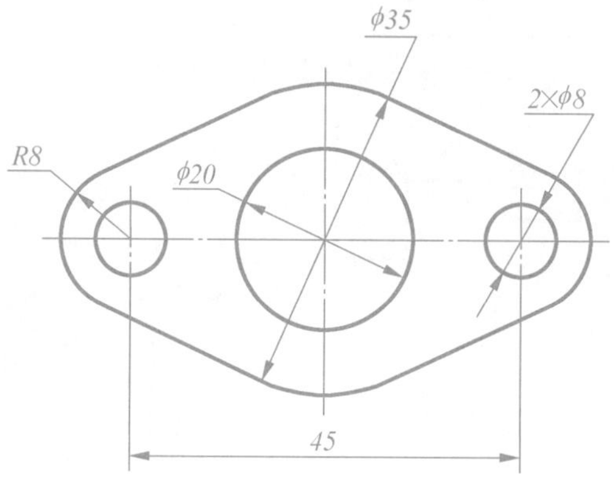

1. 已知物体的两视图,补画第三视图,填空并标出立体图中的点 A、B 的三面投影。(8分)

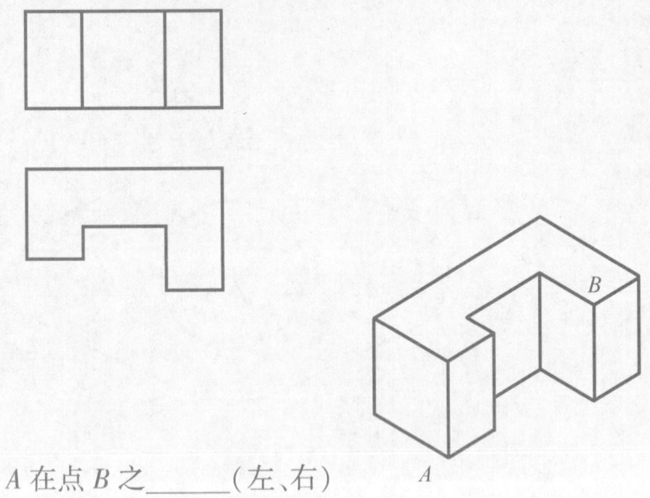

点 A 在点 B 之_____(左、右)

点 A 在点 B 之_____(前、后)

2. 已知物体的两视图,补画第三视图,填空并在立体图上标出点 C、D 的位置。(9分)

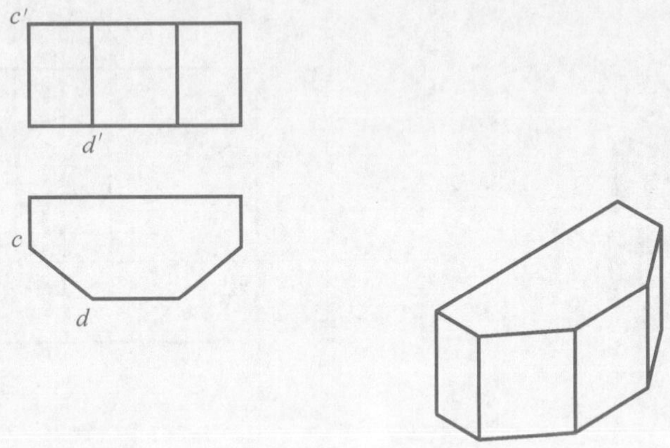

点 C 在点 D 之_____(上、下)

点 C 在点 D 之_____(前、后)

3. 已知物体的两视图,补画第三视图,填空并标出立体图中的点 E、F 的位置。(9分)

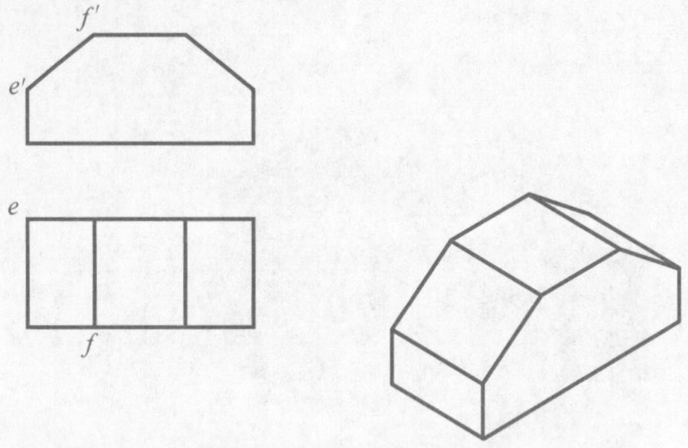

点 E 在点 F 之_____(左、右)

点 E 在点 F 之_____(前、后)

4. 已知平面体上点 A、B、C、D 的两面投影,标出它们的侧面投影,并在立体图上标出其位置。(8分)

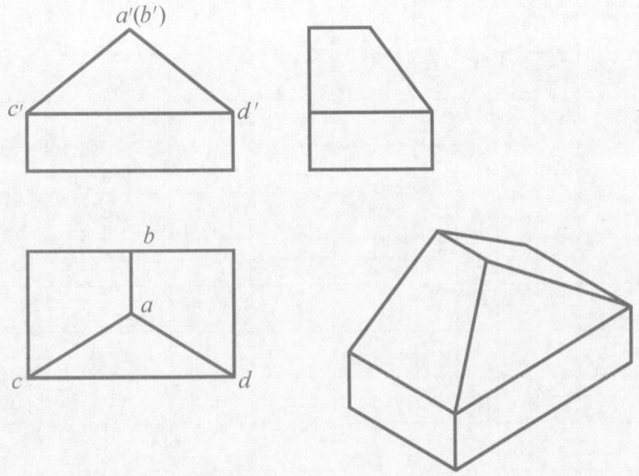

5. 已知三棱锥的底面在 H 面上,锥高为 30 mm,根据俯视图,画出主、左视图。(7分)

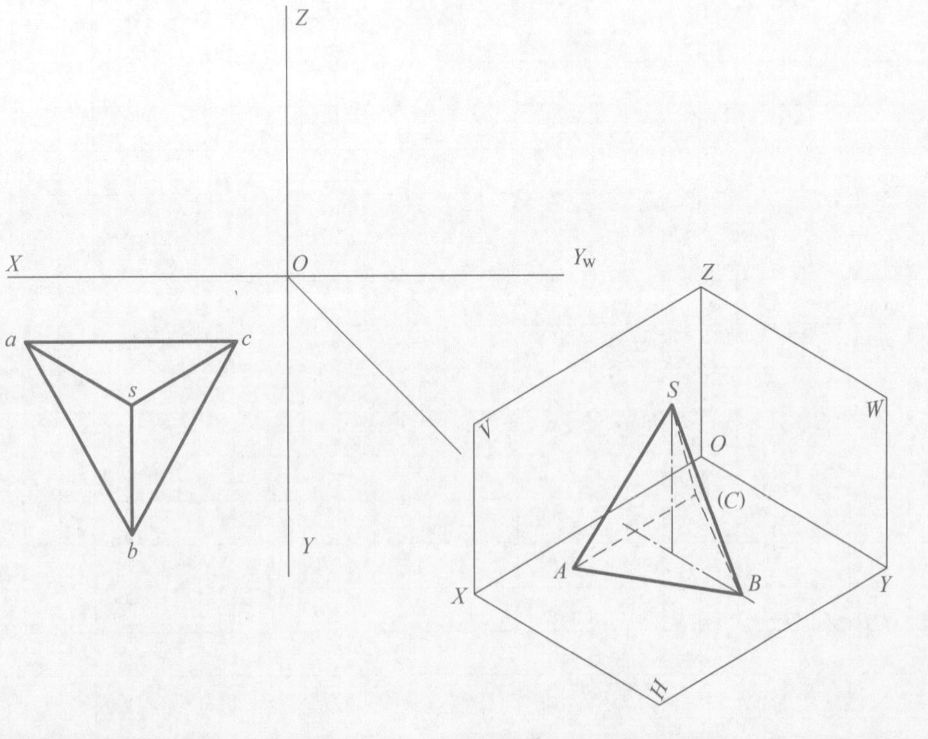

6. 补画第三视图,并作出圆柱体表面上点 M、N 的另外两个投影。(6分)

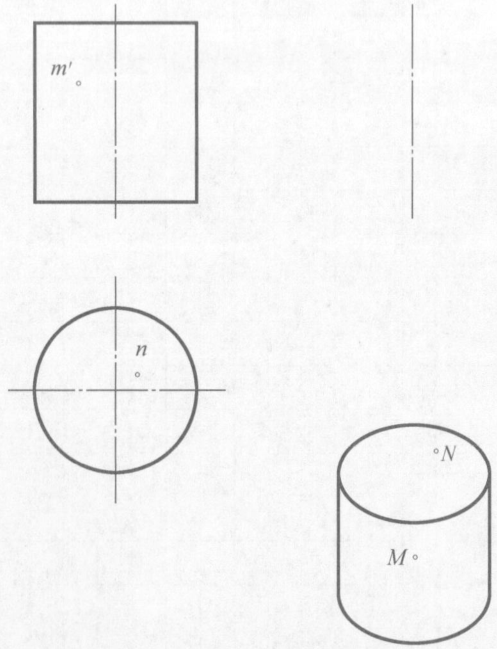

1. 判断下列各直线与投影面的相对位置。(6分)

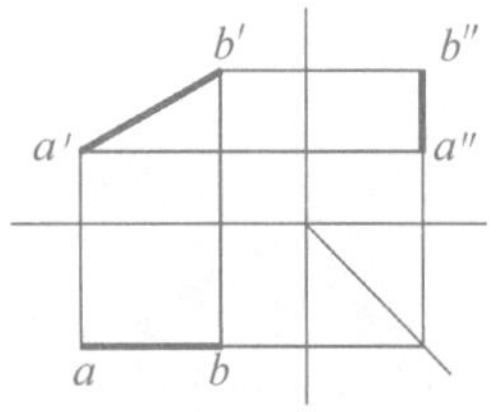

_____线 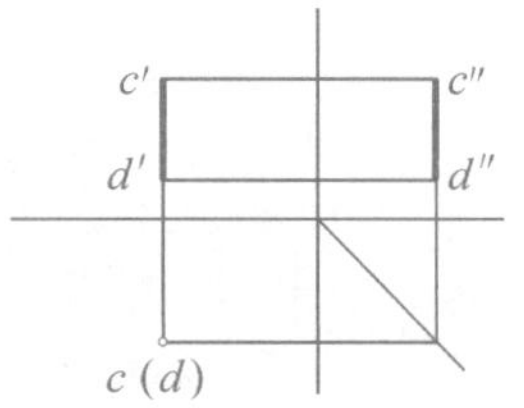　　　　　　　_____线

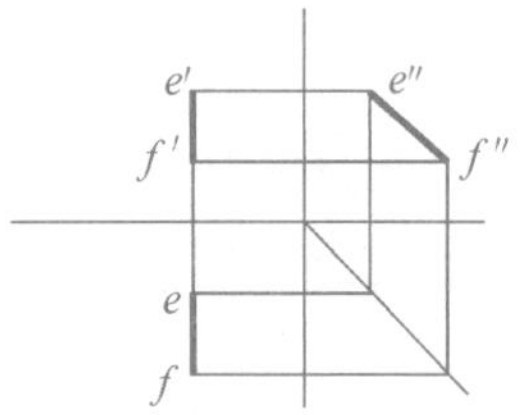

_____线 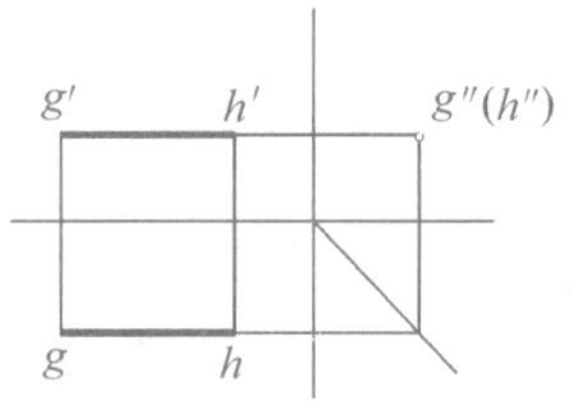　　　　　　　_____线

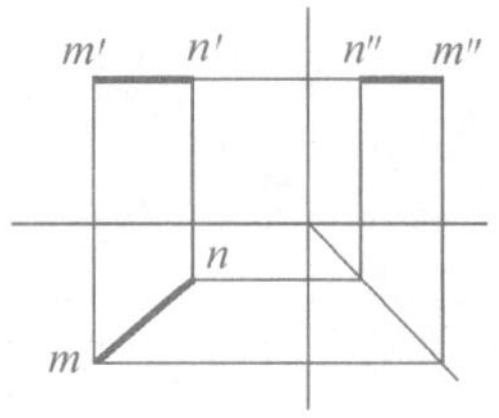

_____线 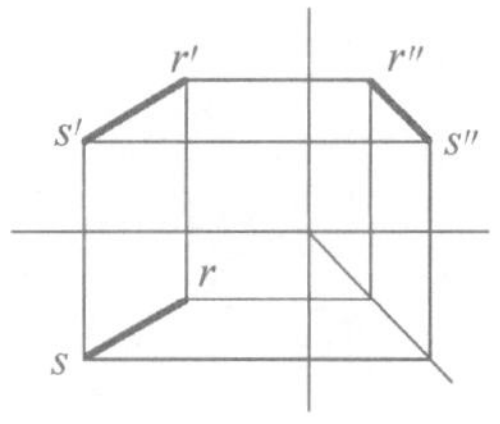　　　　　　　_____线

2. 补画俯、左视图中的漏线,标出立体图上 A、B、C 三点的三面投影并填空。(5分)

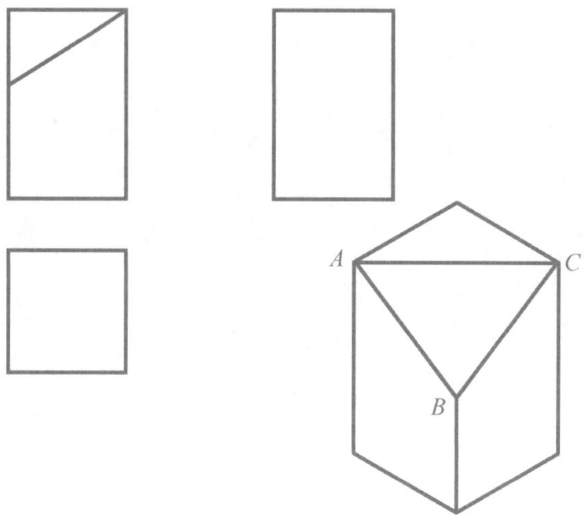

AB 是_____线

BC 是_____线

AC 是_____线

3. 已知正三棱台的主、俯视图,作左视图并填空。(12分)

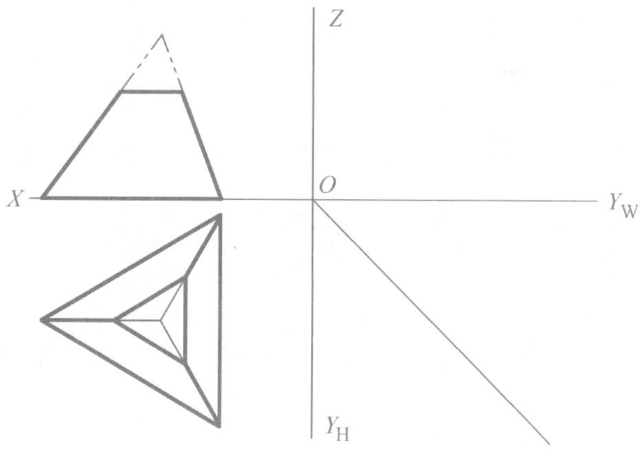

三棱台各棱线中有:

_____条水平线　　　_____条正平线　　　_____条侧平线

_____条正垂线　　　_____条铅垂线　　　_____条侧垂线

_____条一般位置线

4. 在三视图中标出立体图上各点的投影并填空。(12分)

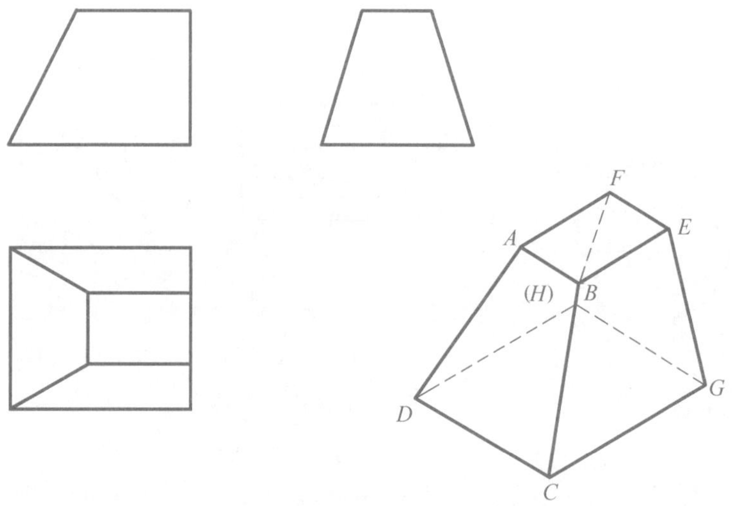

AB 是_____线　　BC 是_____线

BE 是_____线　　EG 是_____线

5. 参照立体图,补画主、左视图中的漏线,说明棱线的相对位置(两条直线的相对位置包括:平行、相交、交叉),并填空。(15分)

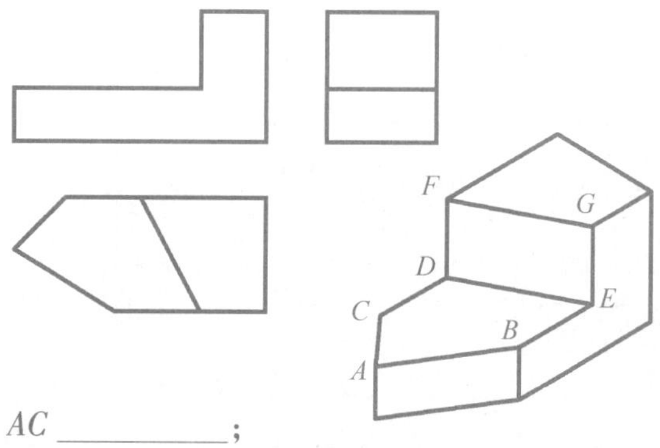

AB 与 AC _____;

DE 与 FG _____;

FG 与 AB _____。

该物体表面棱线中有:

_____条水平线;_____条正平线;_____条侧平线;

_____条铅垂线;_____条正垂线;_____条侧垂线;

_____条一般位置直线。

1. 根据平面图形的两面投影,求作第三面投影。判断其与投影面的相对位置并填空。(30分)

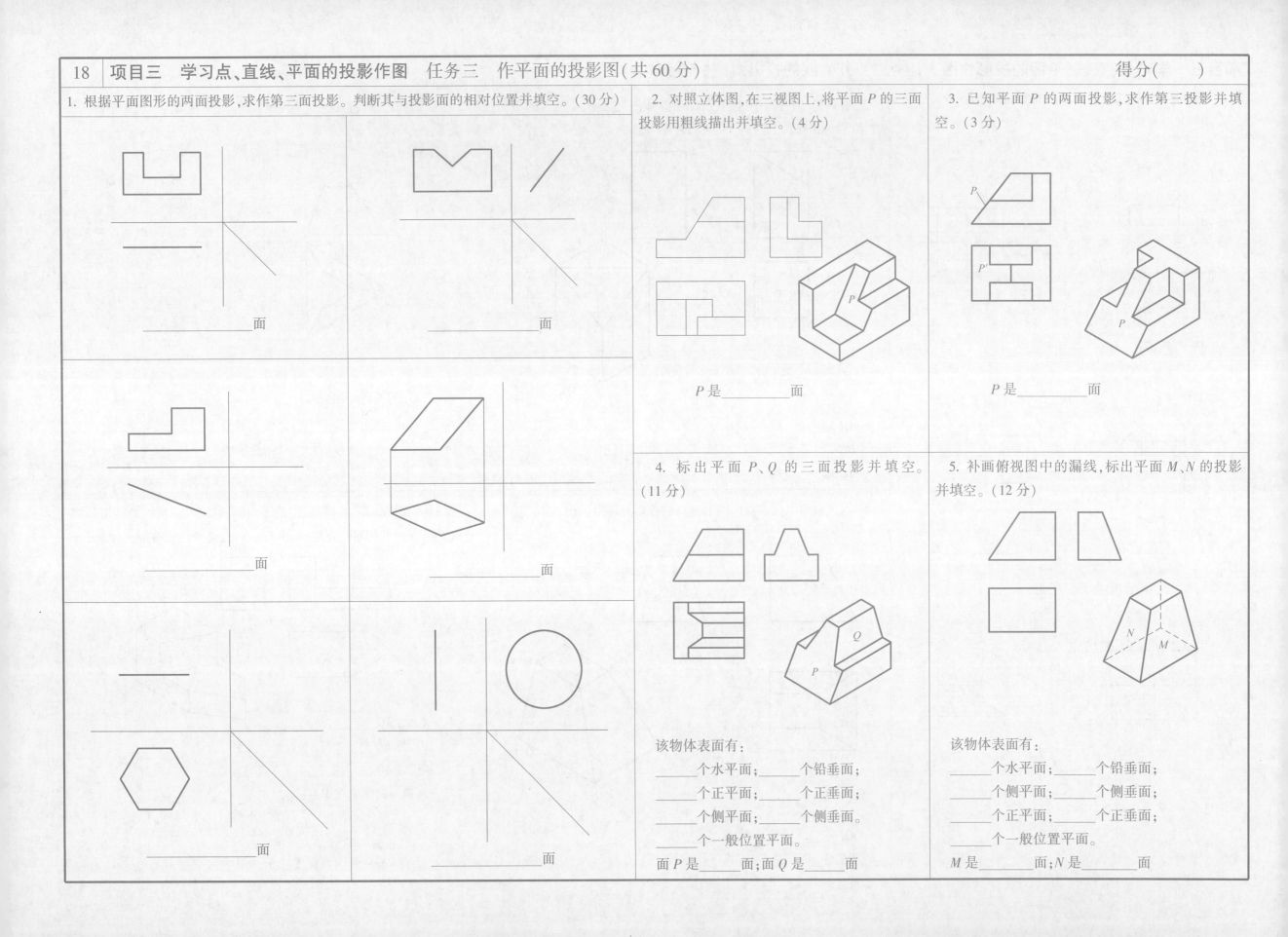

＿＿＿＿面

＿＿＿＿面

＿＿＿＿面

＿＿＿＿面

＿＿＿＿面

＿＿＿＿面

2. 对照立体图,在三视图上,将平面P的三面投影用粗线描出并填空。(4分)

P是＿＿＿＿面

3. 已知平面P的两面投影,求作第三投影并填空。(3分)

P是＿＿＿＿面

4. 标出平面P、Q的三面投影并填空。(11分)

该物体表面有:

＿＿＿＿个水平面;＿＿＿＿个铅垂面;

＿＿＿＿个正平面;＿＿＿＿个正垂面;

＿＿＿＿个侧平面;＿＿＿＿个侧垂面。

＿＿＿＿个一般位置平面。

面P是＿＿＿＿面;面Q是＿＿＿＿面

5. 补画俯视图中的漏线,标出平面M、N的投影并填空。(12分)

该物体表面有:

＿＿＿＿个水平面;＿＿＿＿个铅垂面;

＿＿＿＿个侧平面;＿＿＿＿个侧垂面;

＿＿＿＿个正平面;＿＿＿＿个正垂面;

＿＿＿＿个一般位置平面。

M是＿＿＿＿面;N是＿＿＿＿面

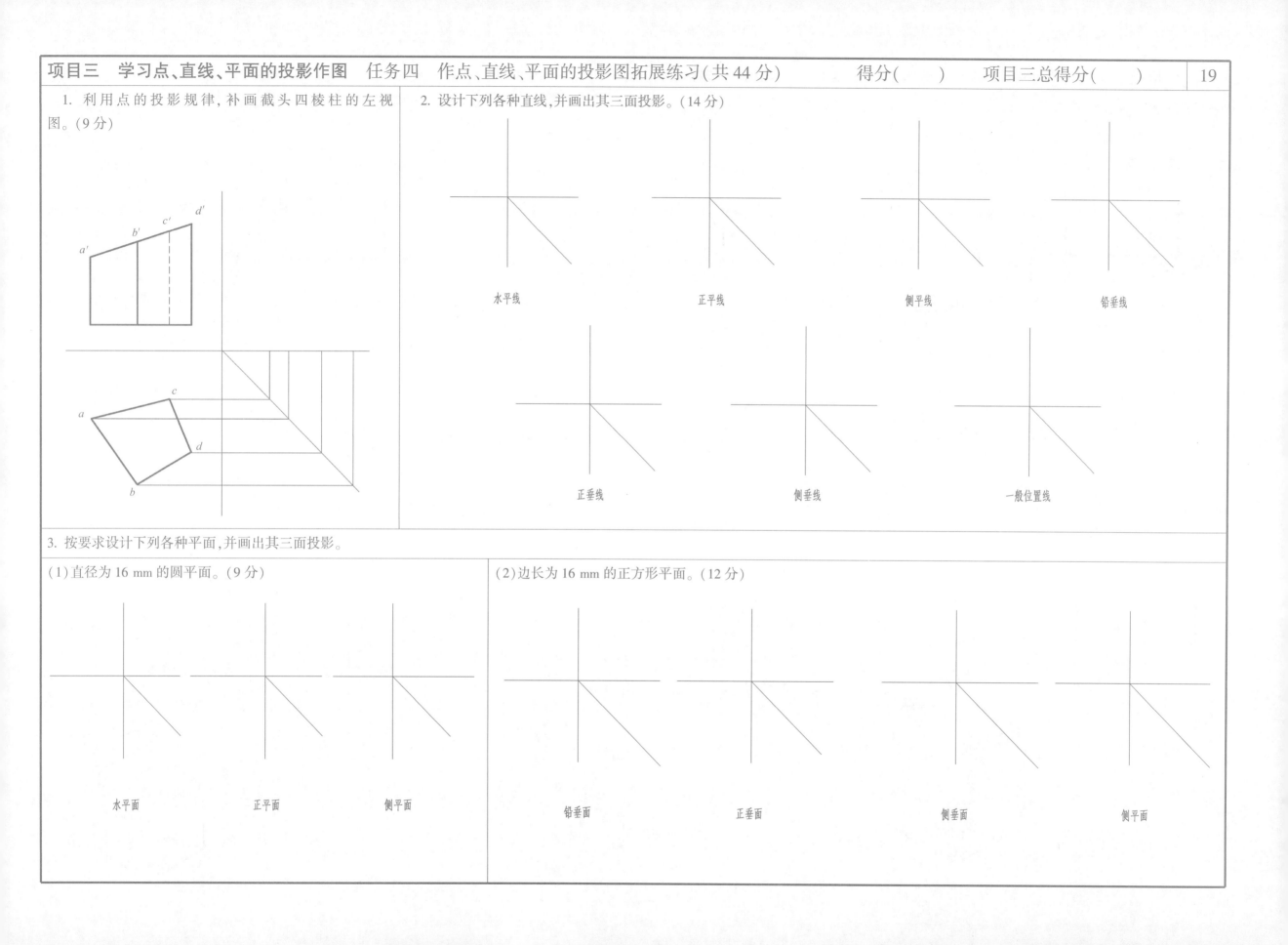

1. 利用点的投影规律,补画截头四棱柱的左视图。(9分)

2. 设计下列各种直线,并画出其三面投影。(14分)

水平线　　　正平线　　　侧平线　　　铅垂线

正垂线　　　侧垂线　　　一般位置线

3. 按要求设计下列各种平面,并画出其三面投影。

(1)直径为16 mm的圆平面。(9分)

水平面　　　正平面　　　侧平面

(2)边长为16 mm的正方形平面。(12分)

铅垂面　　　正垂面　　　侧垂面　　　侧平面

1. 补画第三视图。(5分)

2. 补画第三视图,并作出立体表面上点 M、N 的另两个投影。(10分)

3. 补画第三视图。(12分)

4. 补画第三视图。(9分)

5. 补画第三视图。(13分)

6. 补画第三视图。(11分)

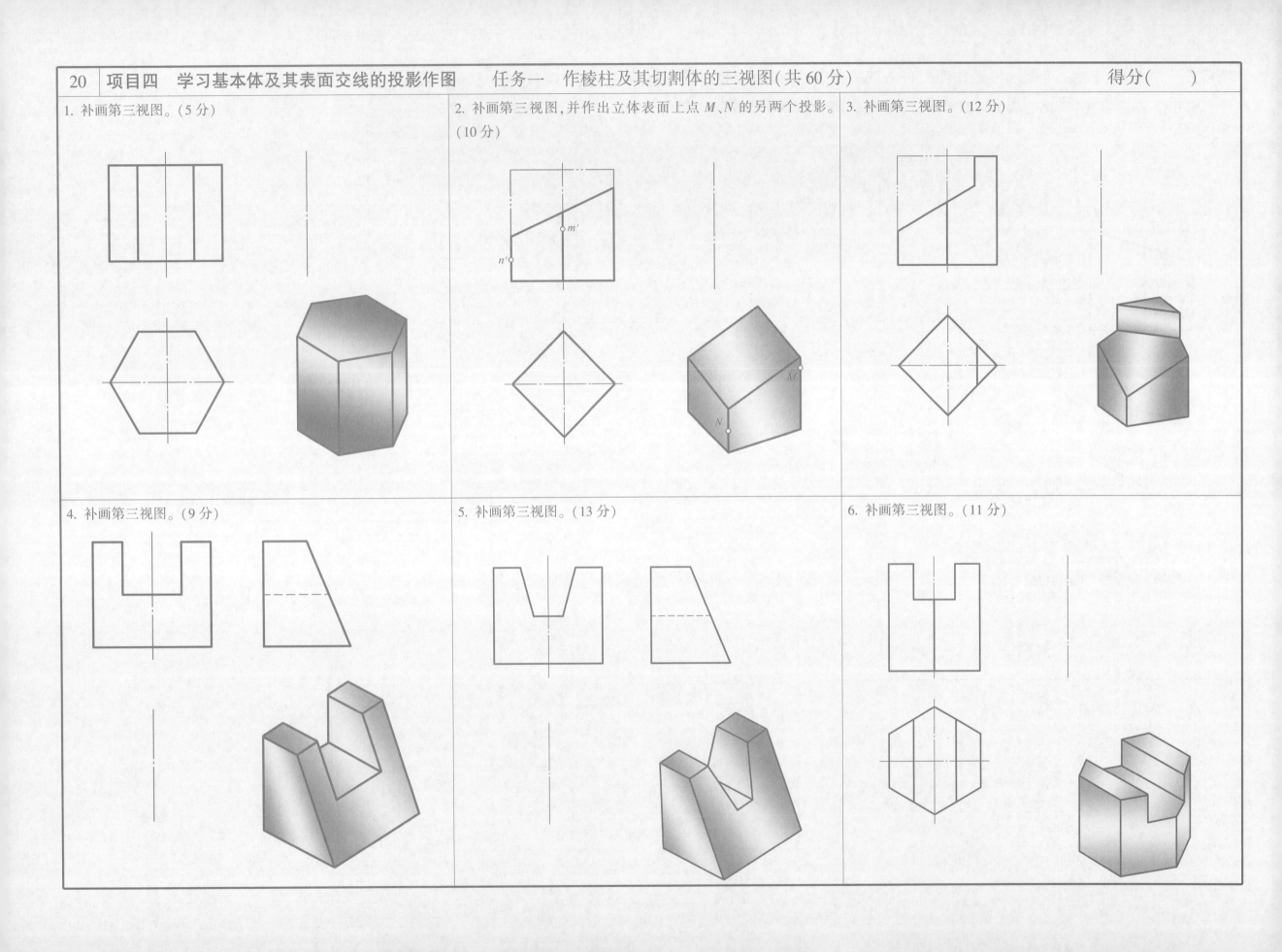

1. 补画第三视图。(4分)

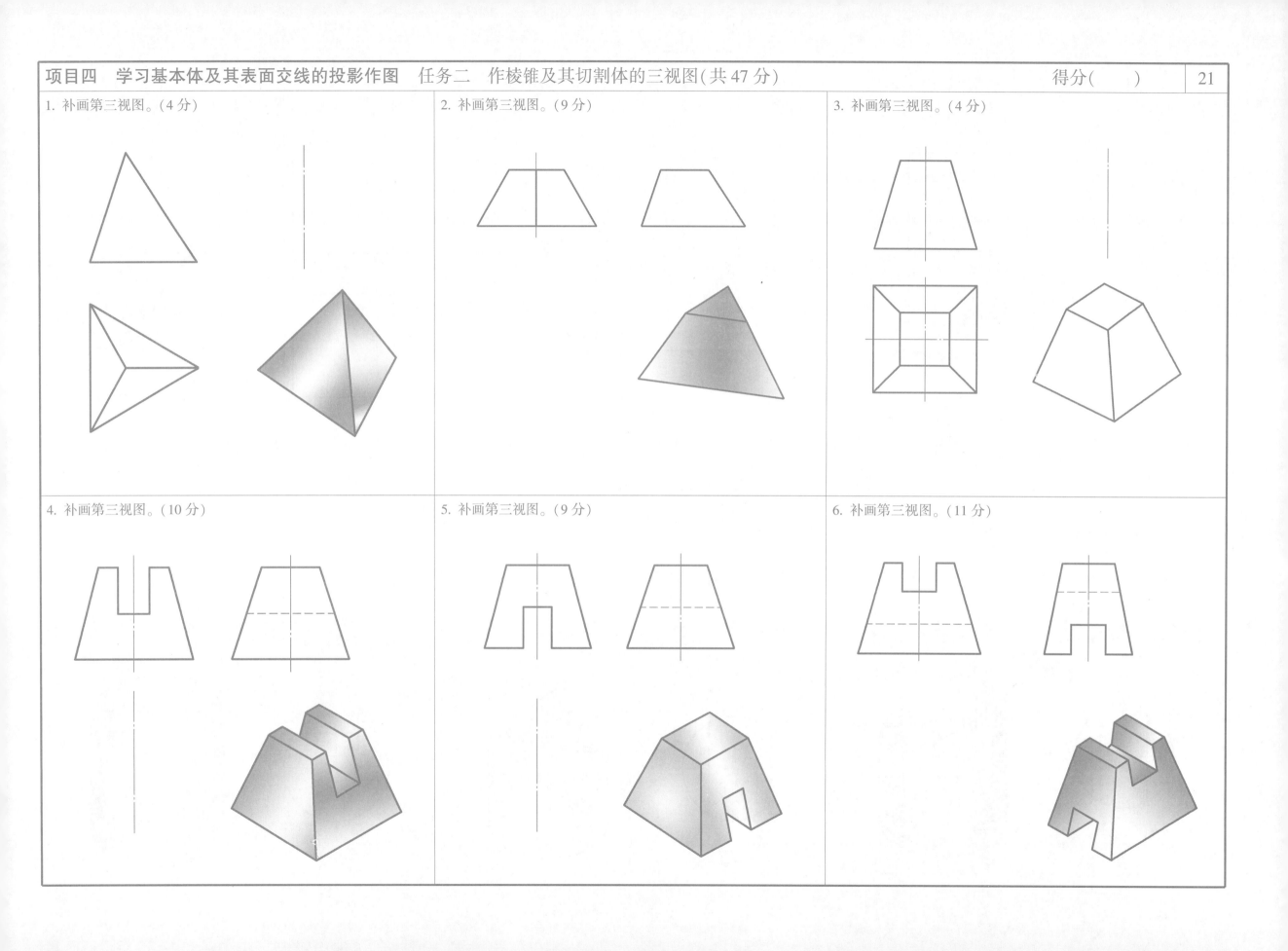

2. 补画第三视图。(9分)

3. 补画第三视图。(4分)

4. 补画第三视图。(10分)

5. 补画第三视图。(9分)

6. 补画第三视图。(11分)

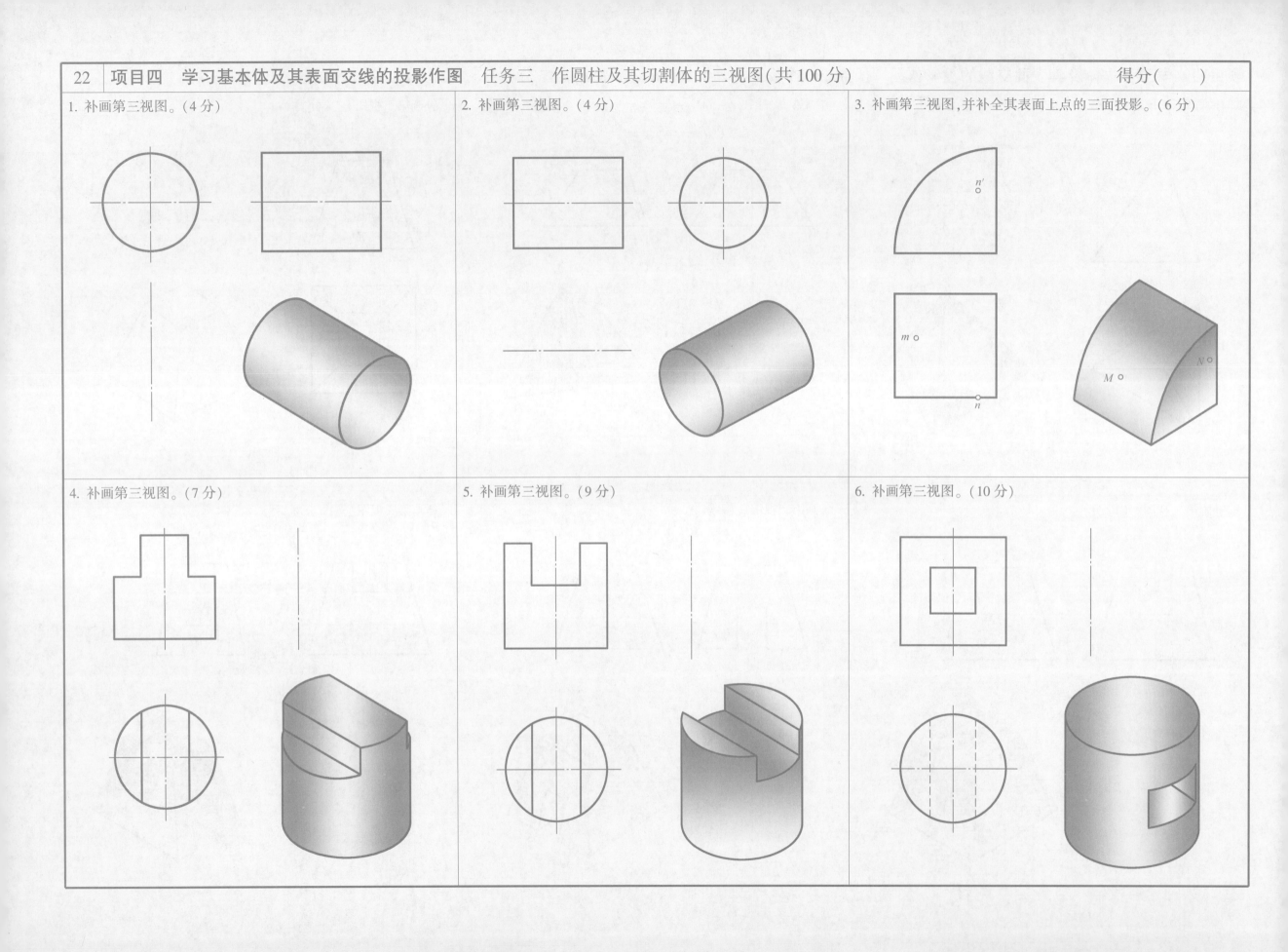

1. 补画第三视图。(4分)

2. 补画第三视图。(4分)

3. 补画第三视图,并补全其表面上点的三面投影。(6分)

4. 补画第三视图。(7分)

5. 补画第三视图。(9分)

6. 补画第三视图。(10分)

7. (10 分)

8. (10 分)

9. (10 分)

10. (10 分)

11. (10 分)

12. (10 分)

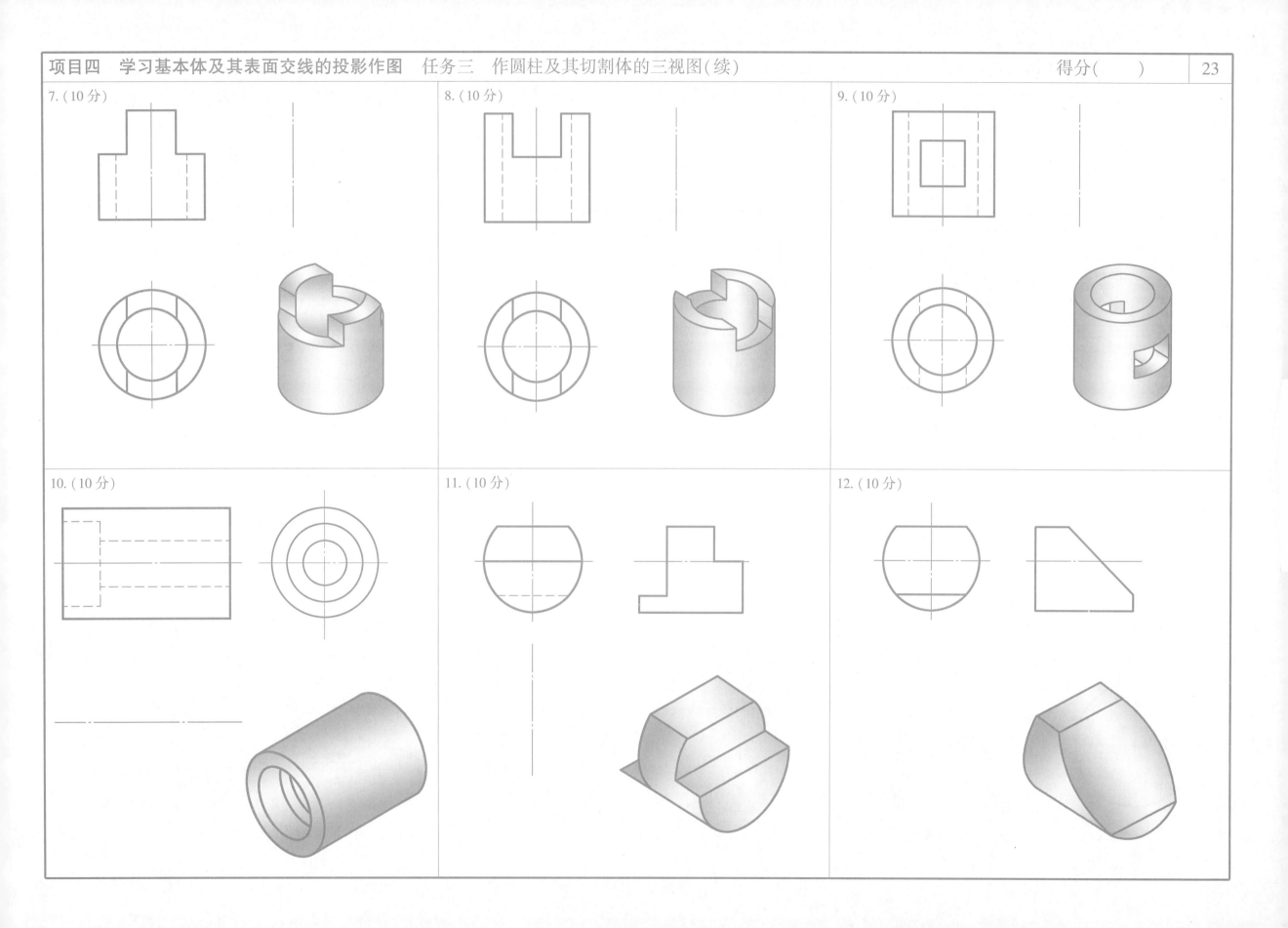

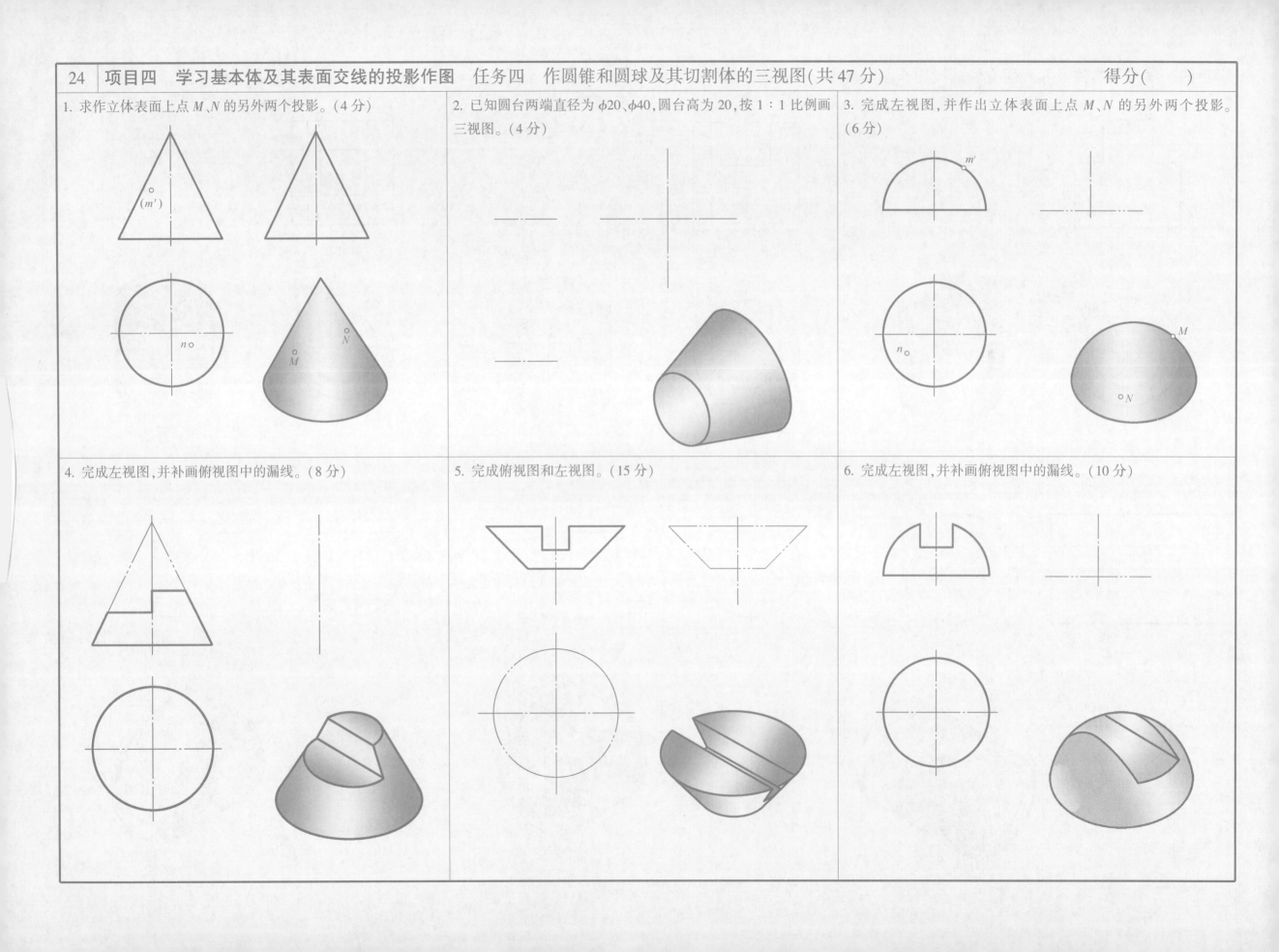

1. 求作立体表面上点 M、N 的另外两个投影。(4分)

2. 已知圆台两端直径为 φ20、φ40,圆台高为 20,按 1:1 比例画三视图。(4分)

3. 完成左视图,并作出立体表面上点 M、N 的另外两个投影。(6分)

4. 完成左视图,并补画俯视图中的漏线。(8分)

5. 完成俯视图和左视图。(15分)

6. 完成左视图,并补画俯视图中的漏线。(10分)

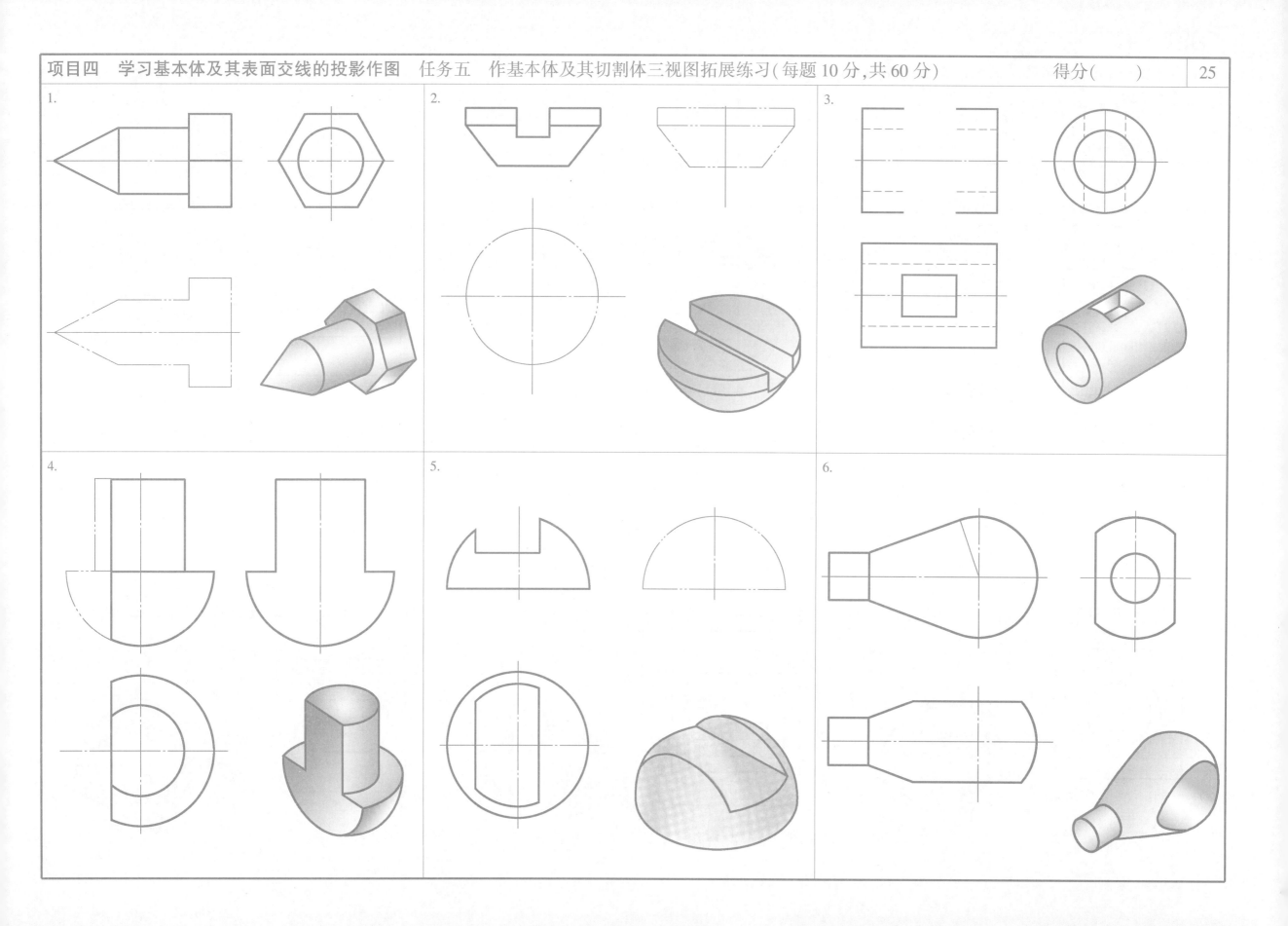

1.

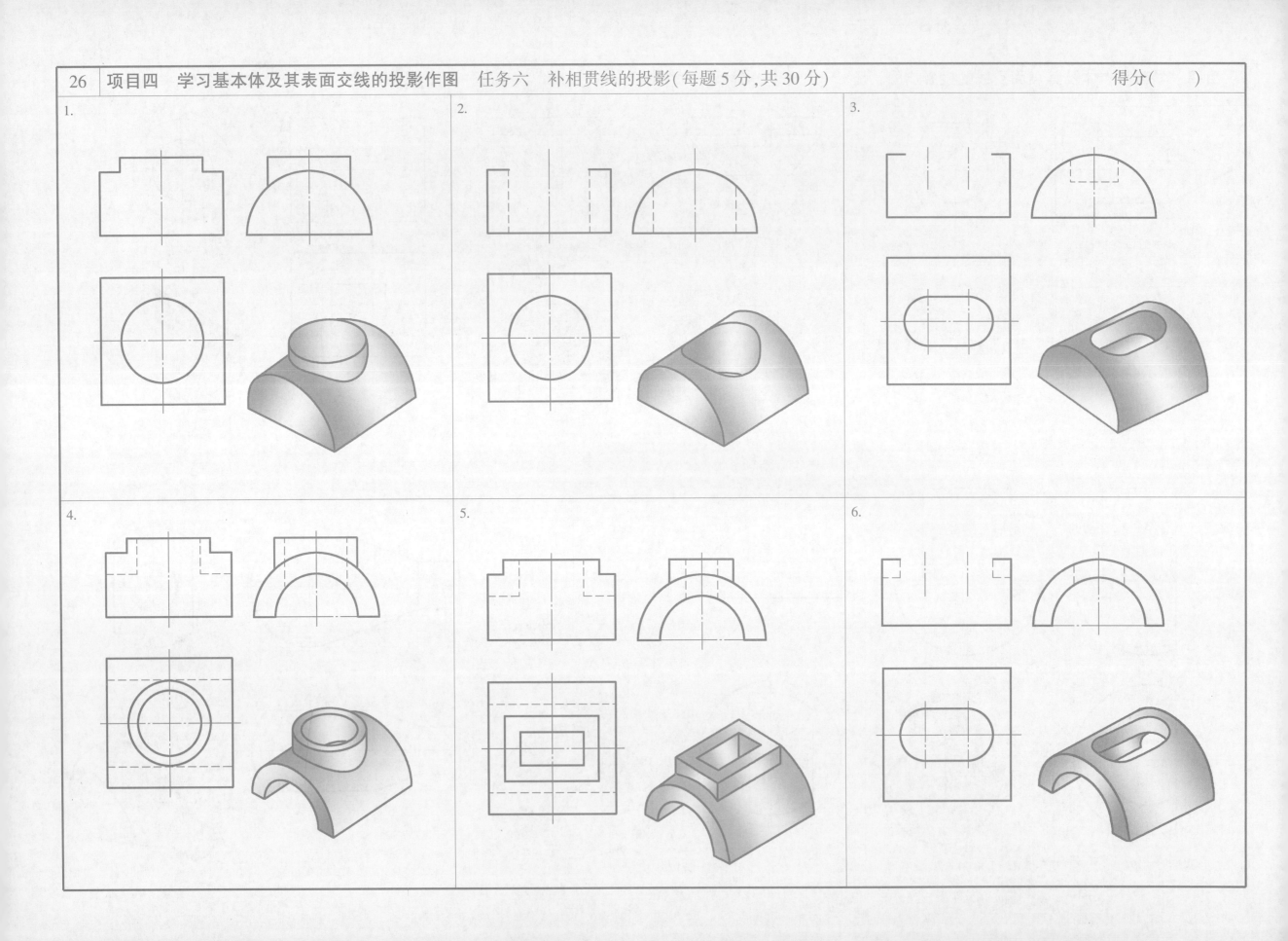

2.

3.

4.

5.

6.

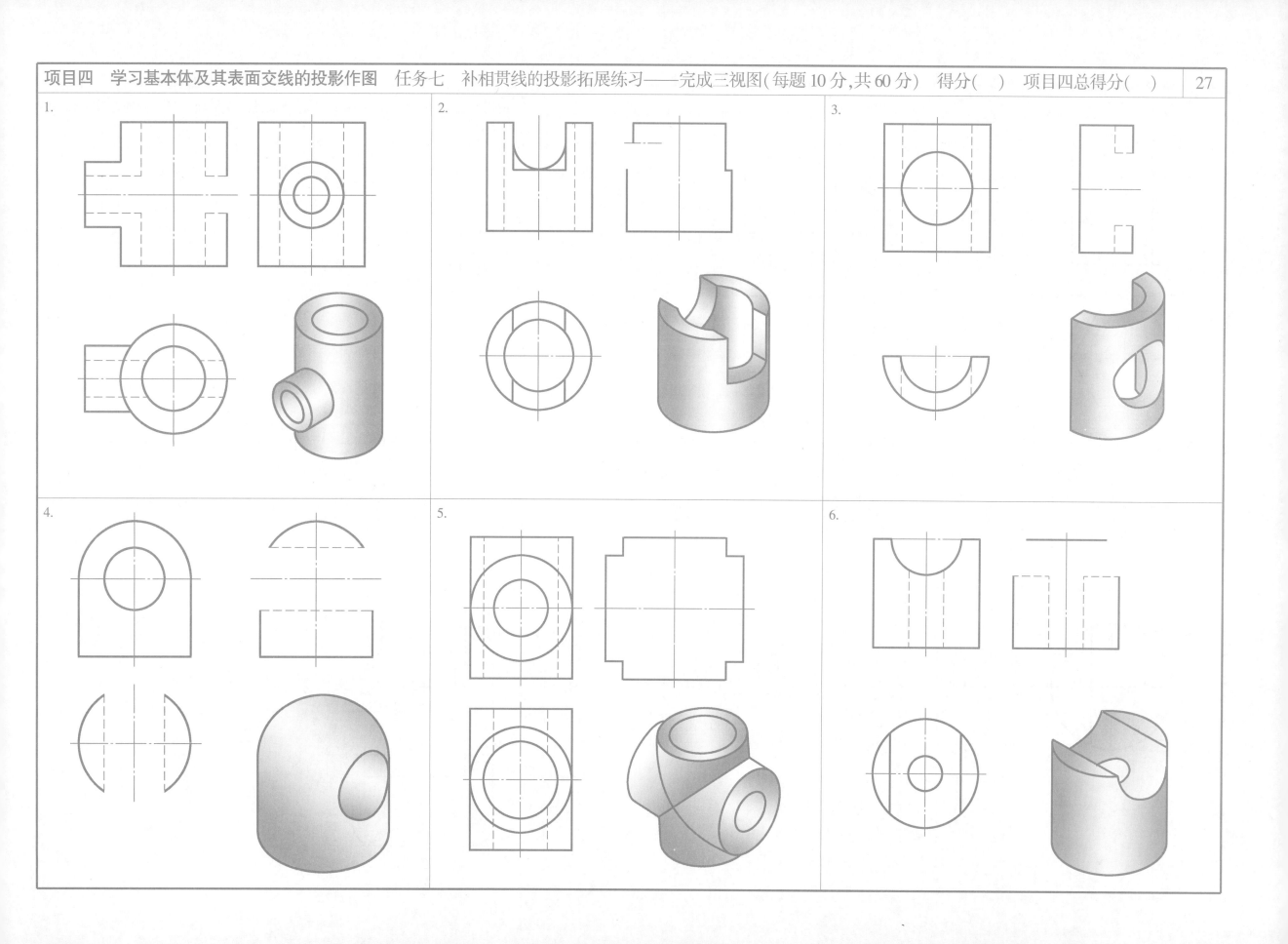

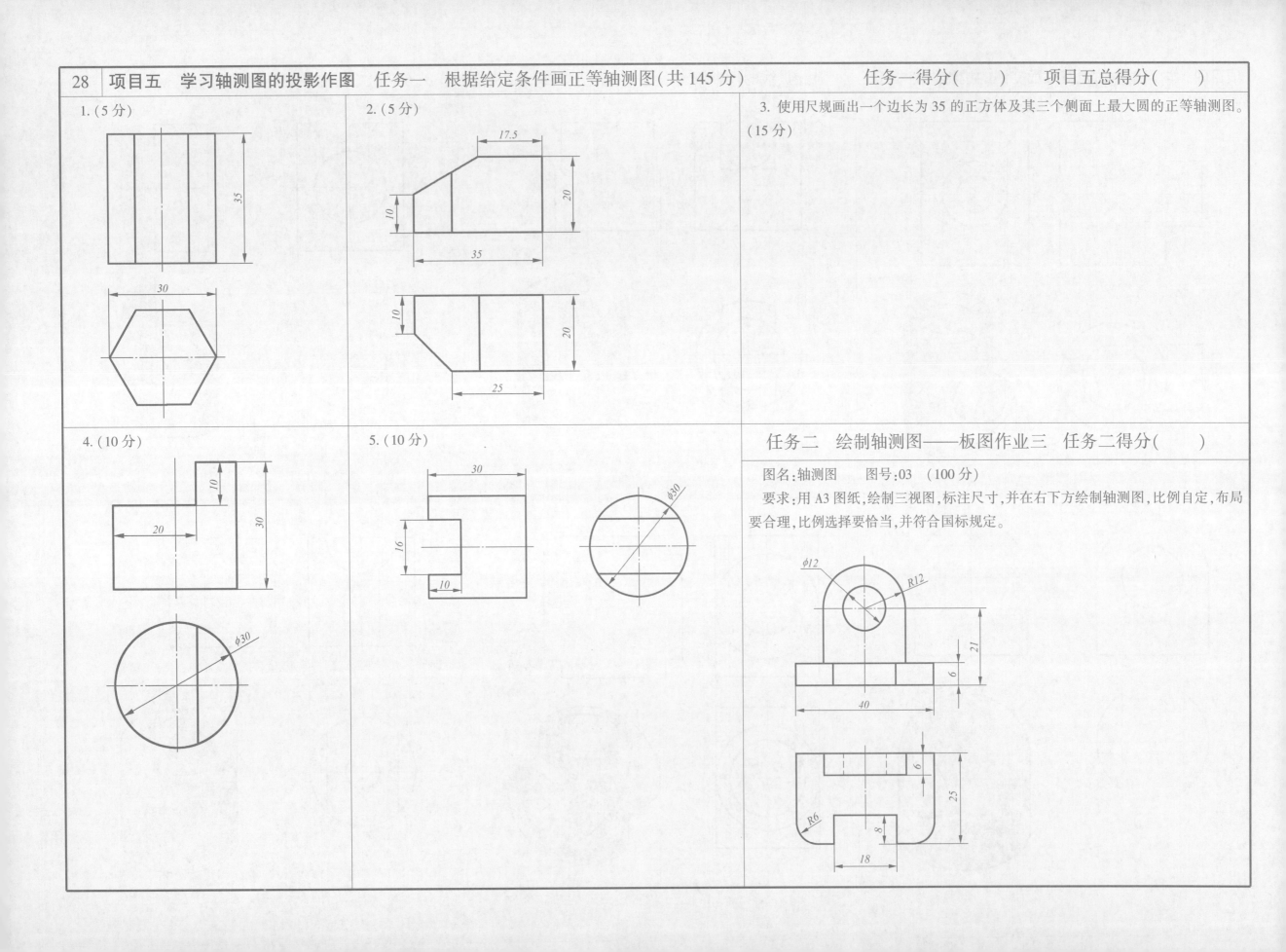

1.(5分)

2.(5分)

3. 使用尺规画出一个边长为35的正方体及其三个侧面上最大圆的正等轴测图。

(15分)

4.(10分)

5.(10分)

任务二 绘制轴测图——板图作业三 任务二得分( )

图名:轴测图 图号:03 (100分)

要求:用A3图纸,绘制三视图,标注尺寸,并在右下方绘制轴测图,比例自定,布局要合理,比例选择要恰当,并符合国标规定。

1.(6分)

2.(6分)

1.(4分)

2.(7分)

3.(13分)

4.(7分)

5.(5分)

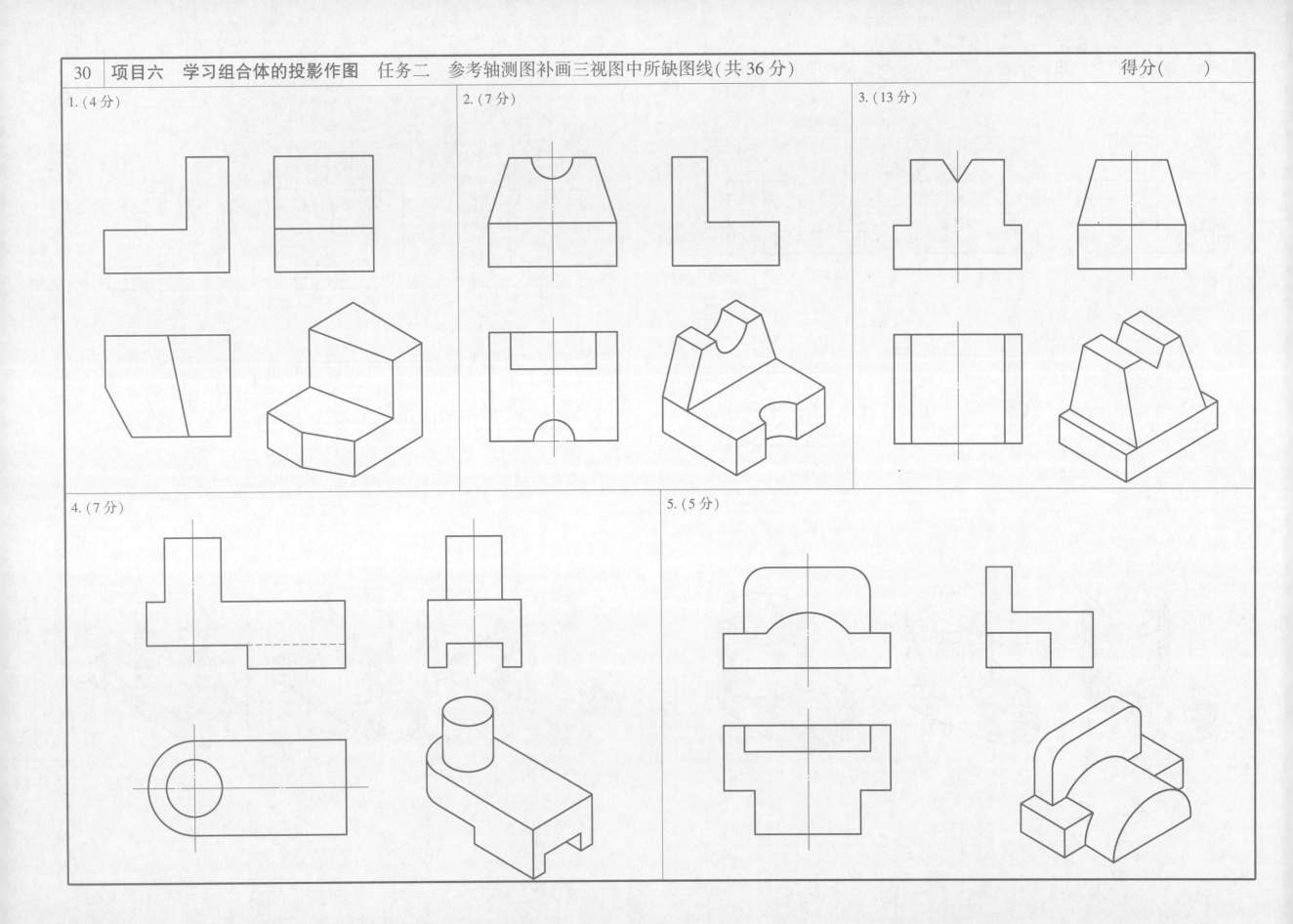

1. 徒手画三视图。(5分)

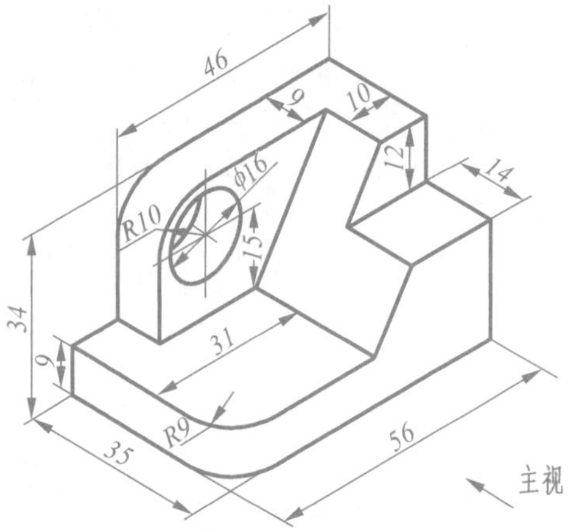

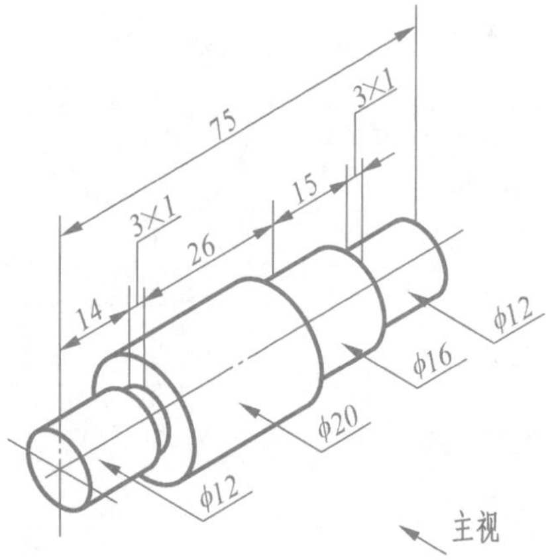

3. 尺规绘图——板图作业四 图名:组合体三视图 图号:04 比例 1:1 图幅 A3(100分)

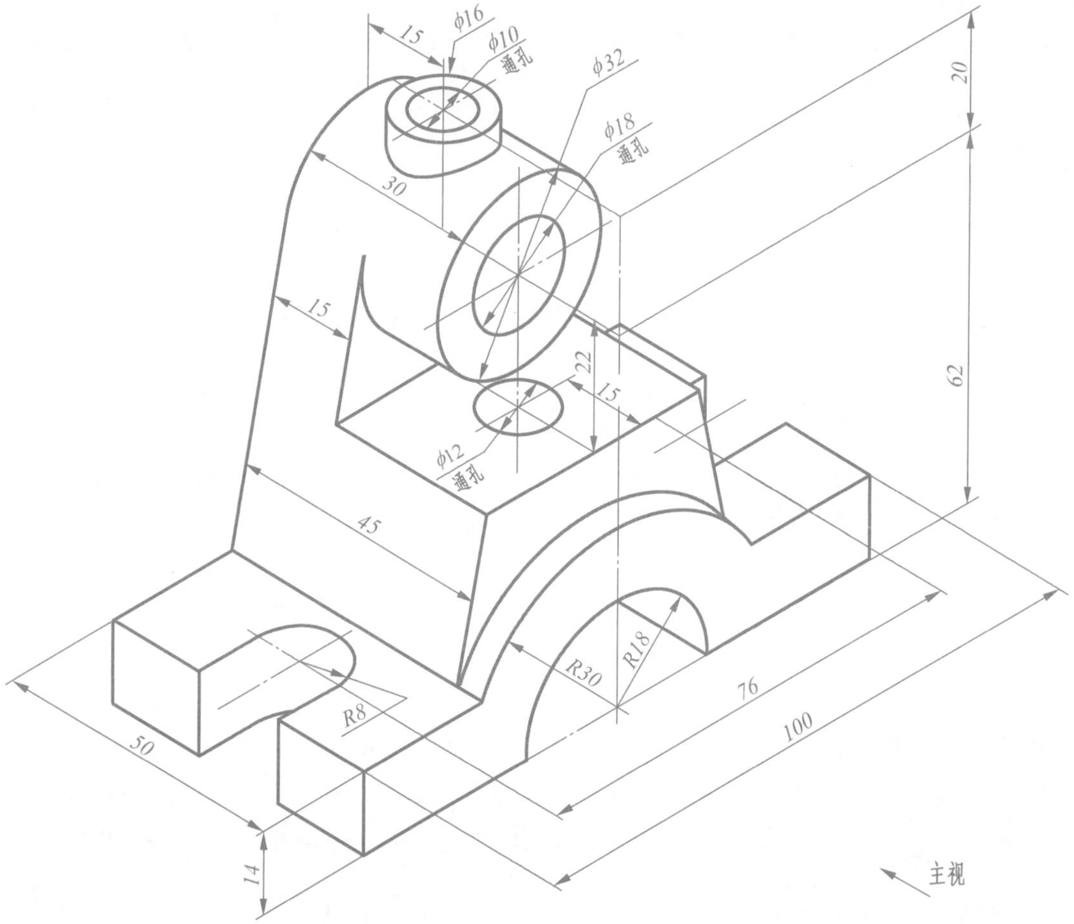

2. 尺规画轴的主视图。(5分)

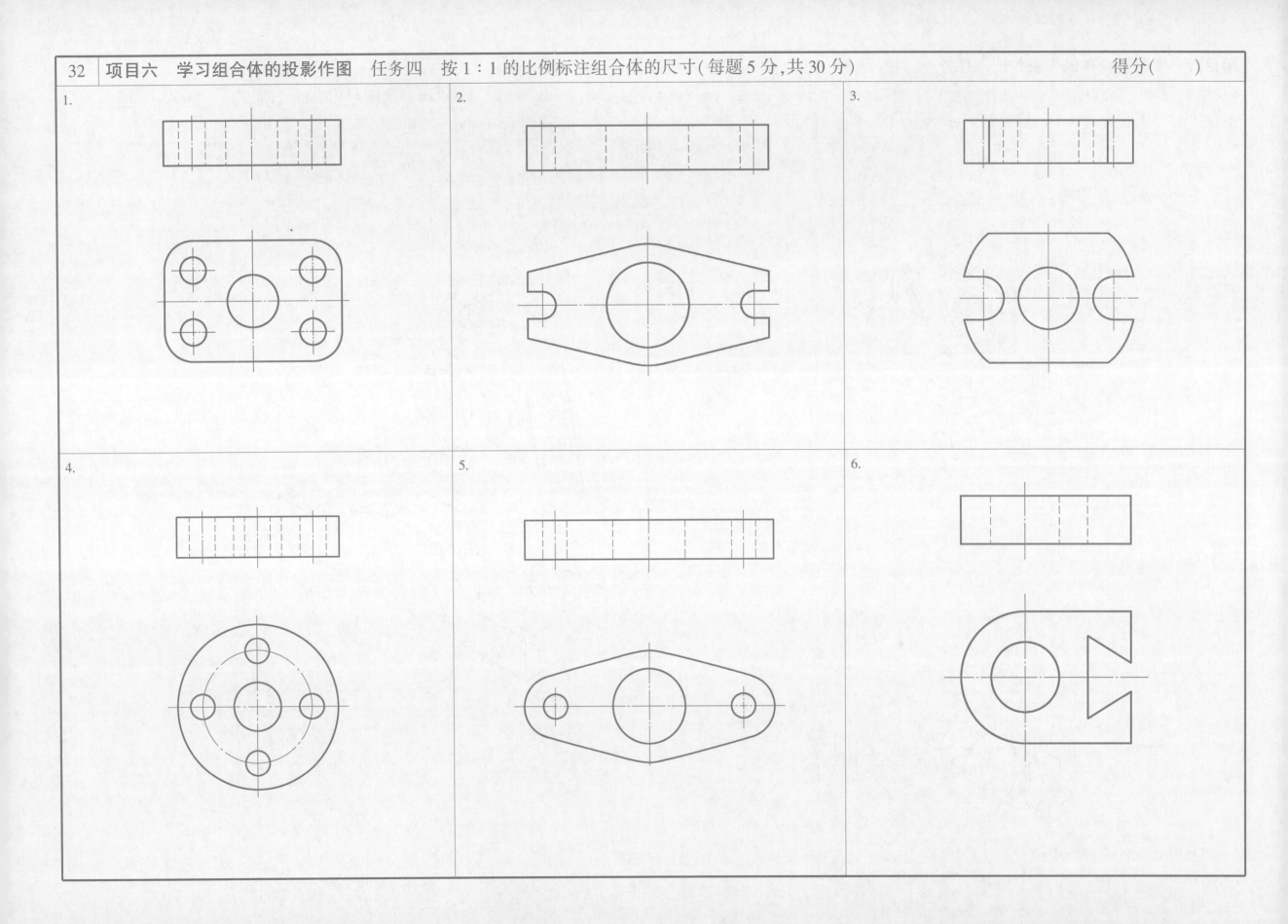

1. 用符号▲标出宽、高方向的主要尺寸基准,并补全遗漏的尺寸(不注数值)。

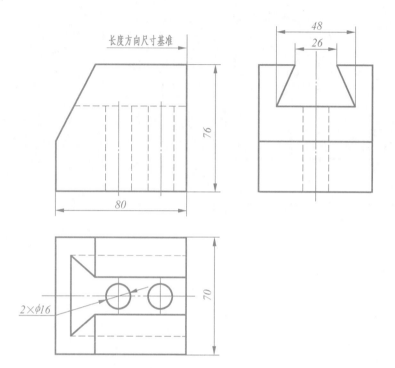

2. 用符号▲标出宽、高方向的主要尺寸基准,并补全遗漏的尺寸(不注数值)。

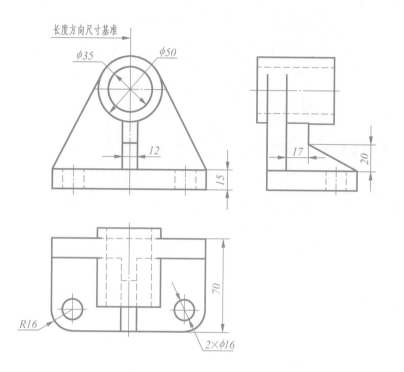

3. 用符号▲标出长、宽、高三个方向的主要尺寸基准,并标注尺寸(比例 1:1)。

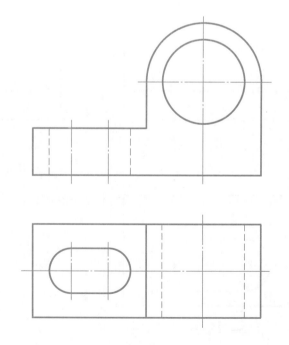

4. 用符号▲标出长、宽、高三个方向的主要尺寸基准,并标注尺寸(比例 1:1)。

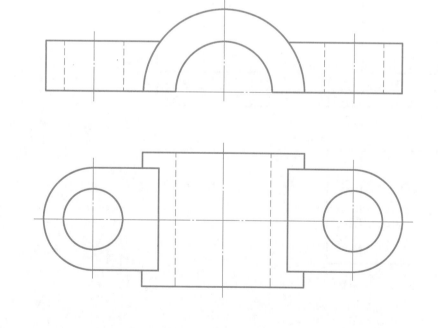

1.(20分)

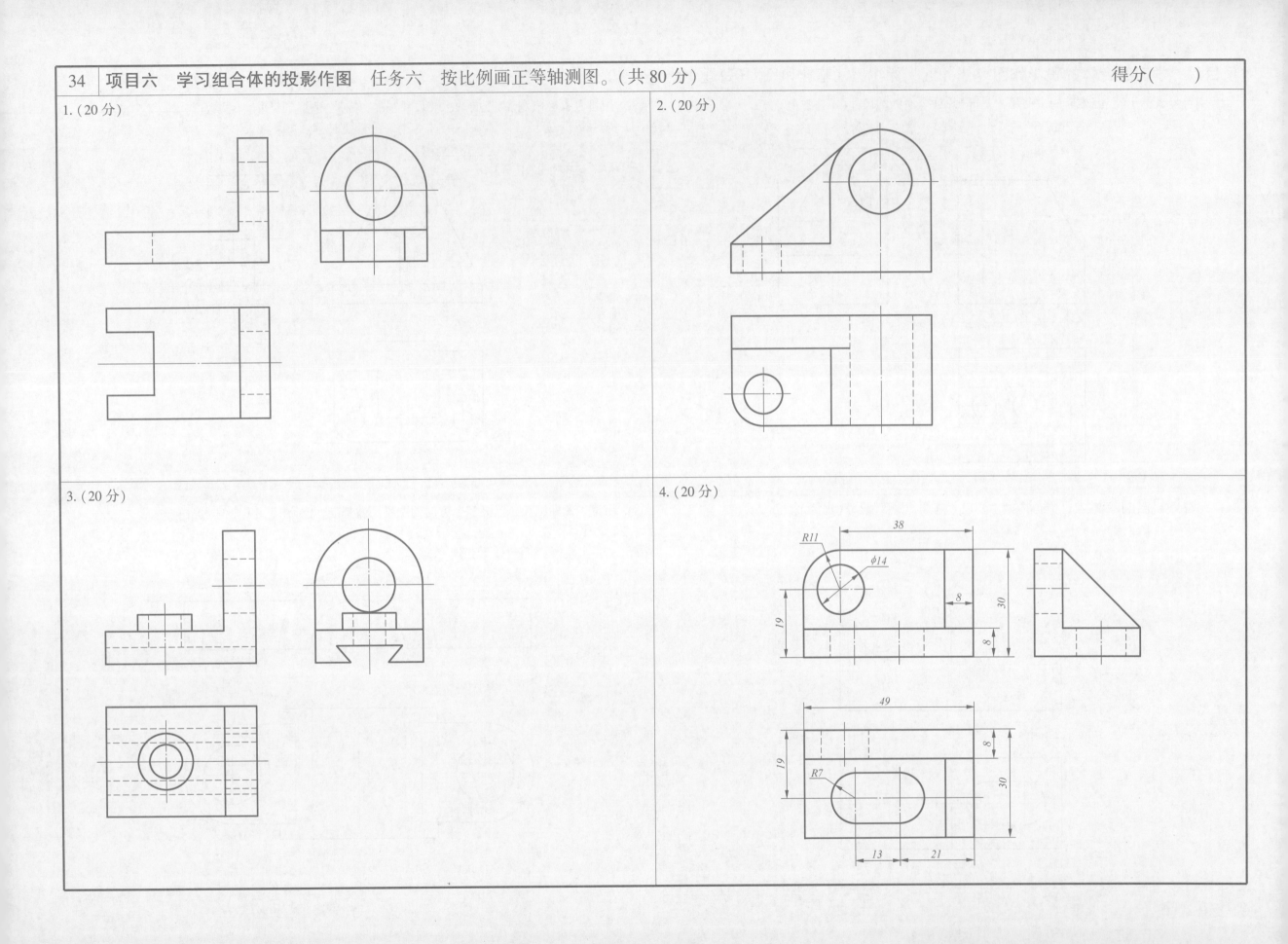

2.(20分)

3.(20分)

4.(20分)

1. (12分)

2. (5分)

3. (5分)

4. (5分)

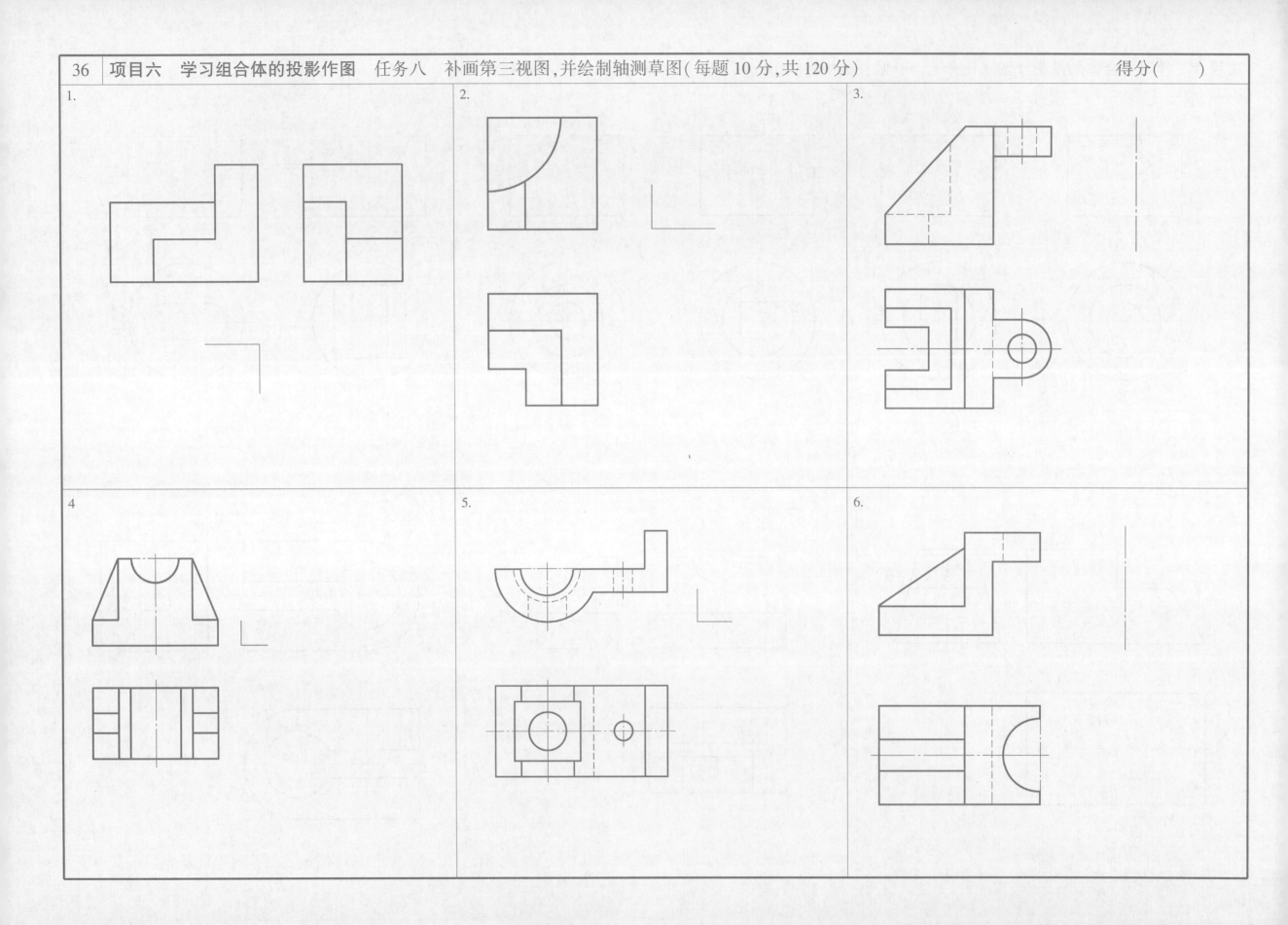

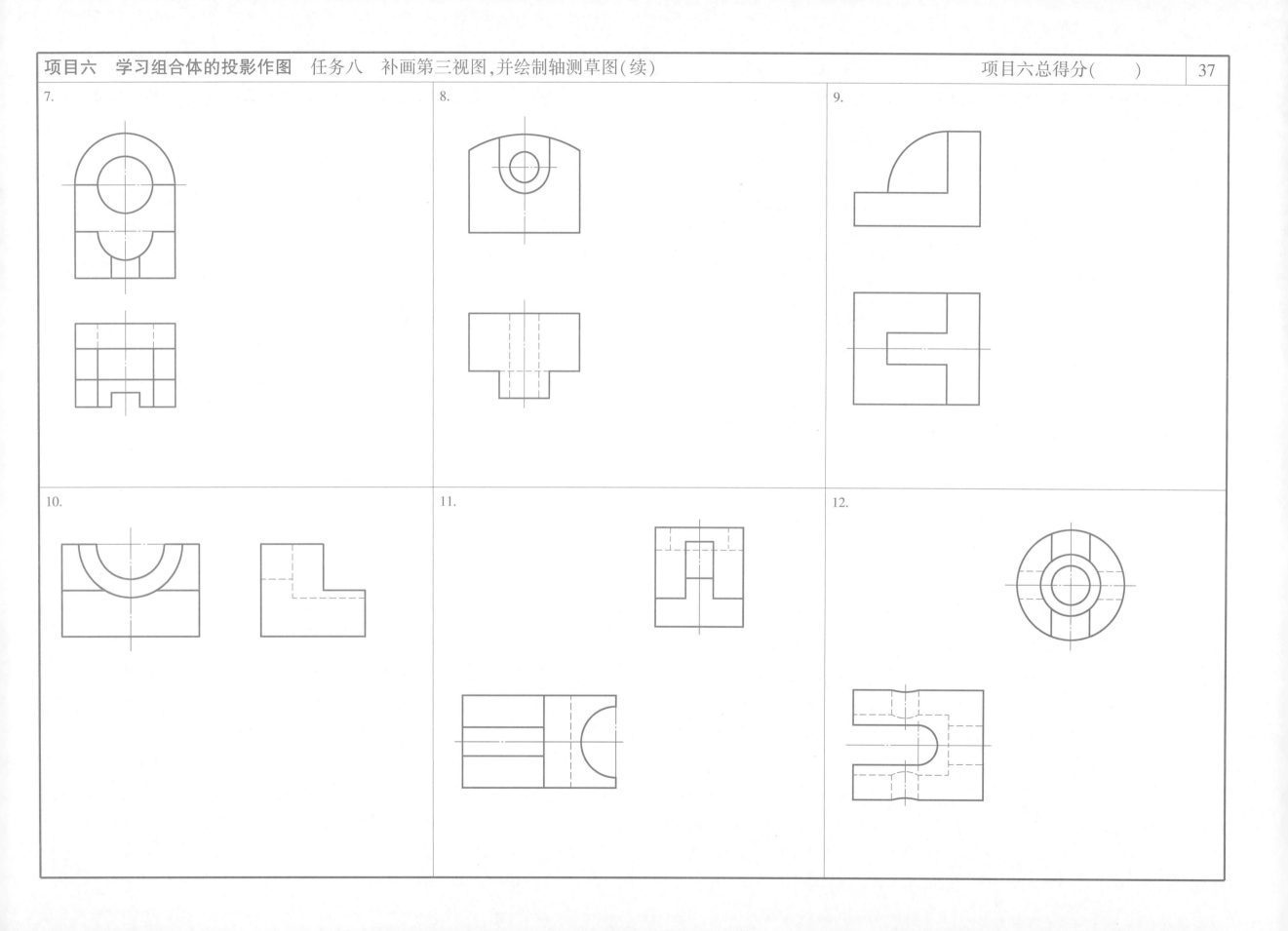

7.

8.

9.

10.

11.

12.

1. 根据三视图,按照对应关系补画仰视图、右视图,并按指定位置绘制A向视图。(15分)

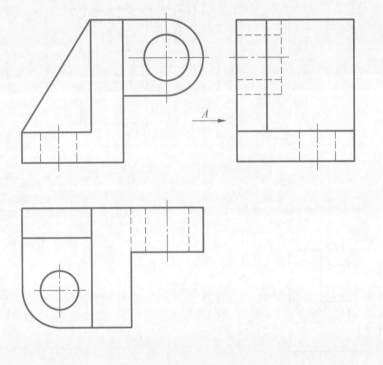

2. 根据三视图,按照对应关系补画右视图、仰视图,并按指定位置绘制A向视图。(15分)

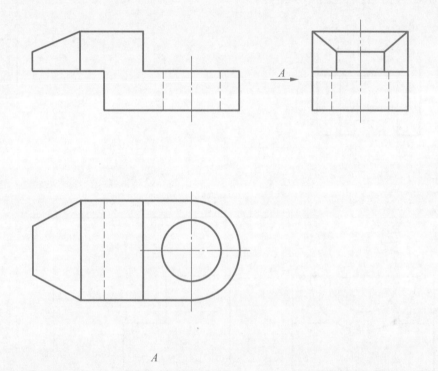

3. 画出 A 向局部视图、B 向斜视图。(10 分)

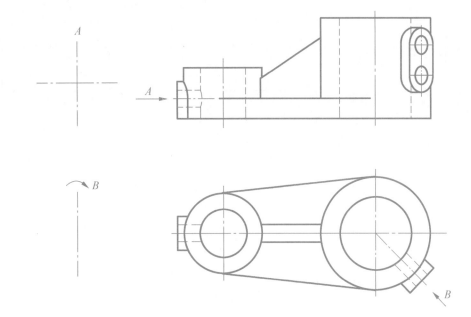

4. 参照轴测图,作 A 向斜视图,并完成俯视图位置的局部视图(除给尺寸外,其余均可在图上量取)。(10 分)

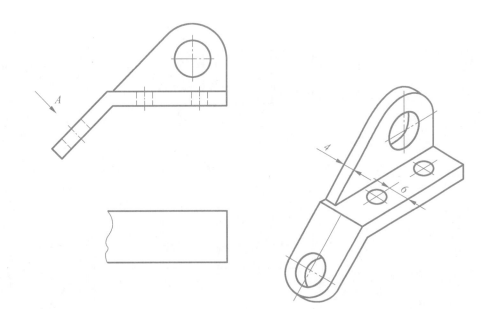

5. 画出 A 向斜视图和 B 向局部视图。(10 分)

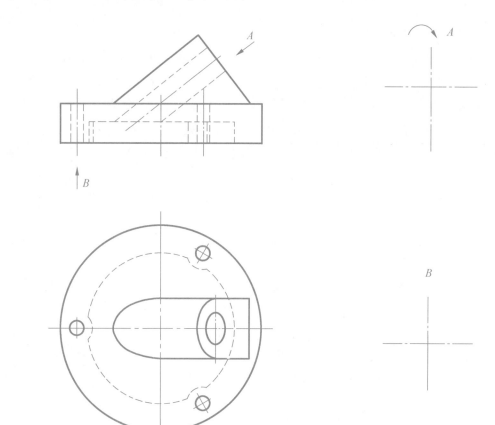

6. 画出车刀的 A 向局部视图和 B 向斜视图。(10 分)

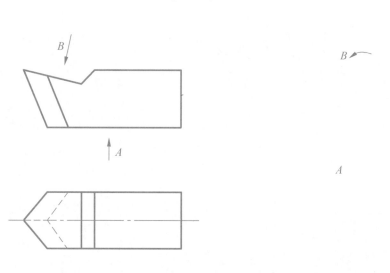

1.(5分)

2.(5分)

3.(5分)

4.(5分)

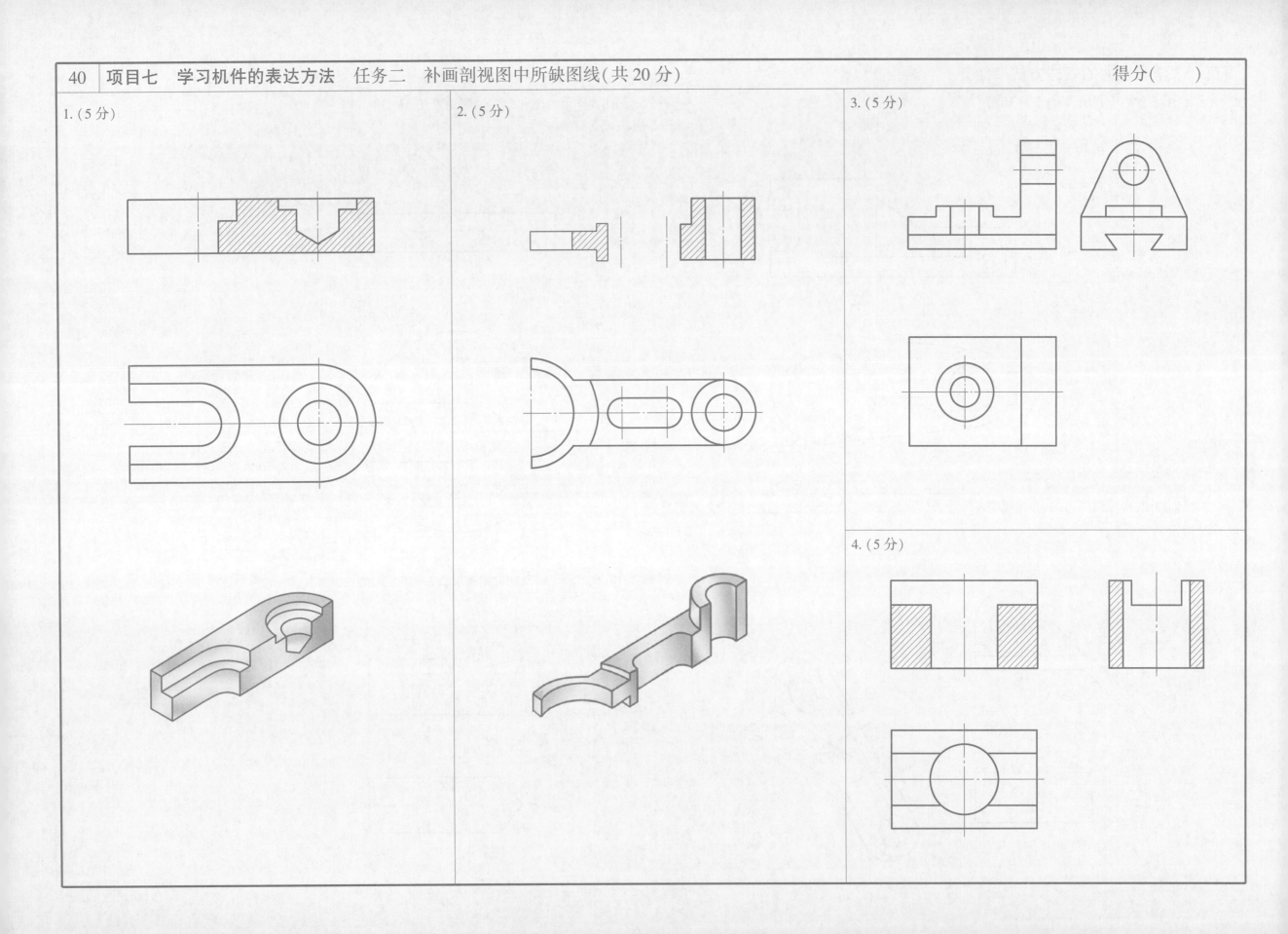

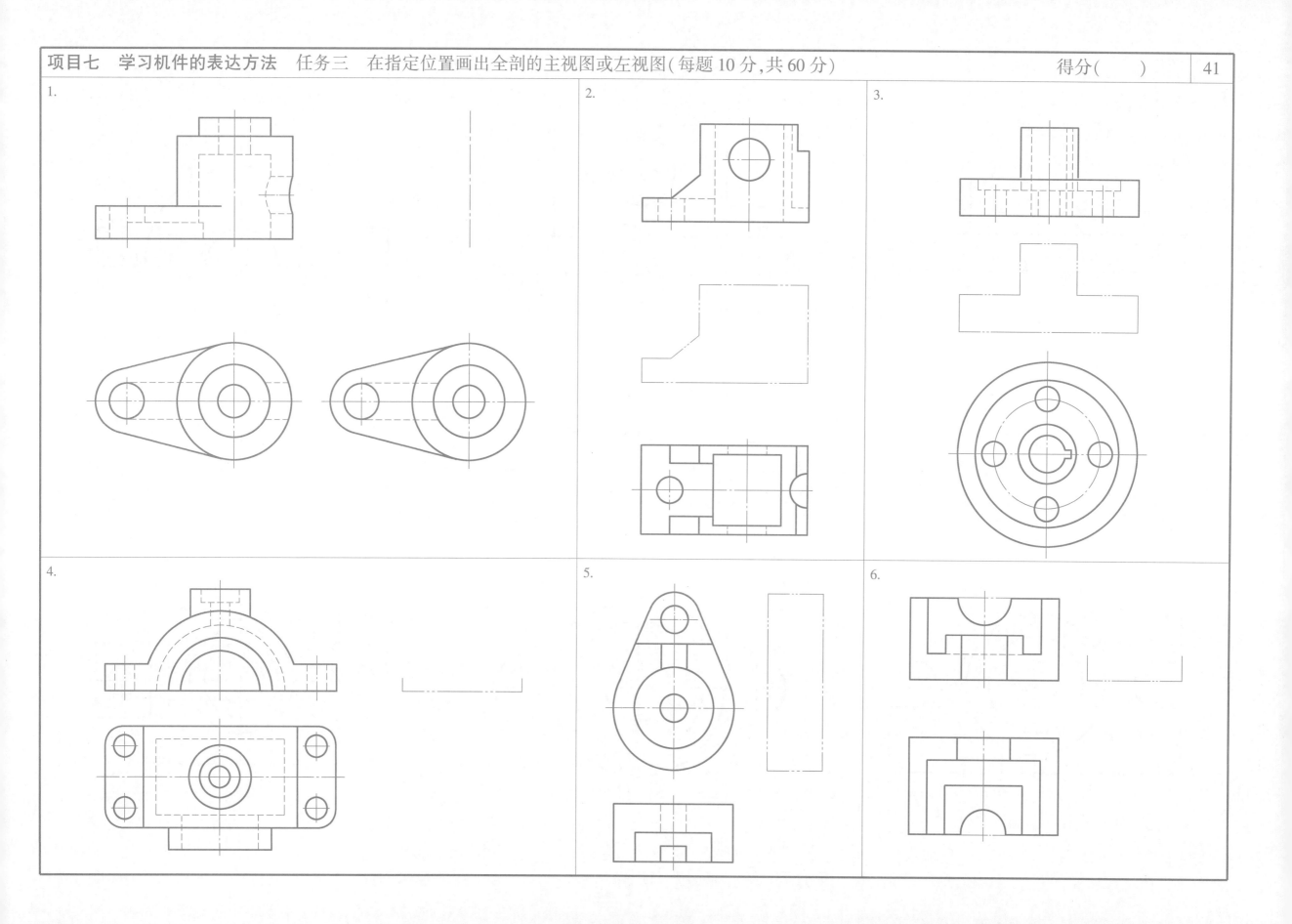

1.

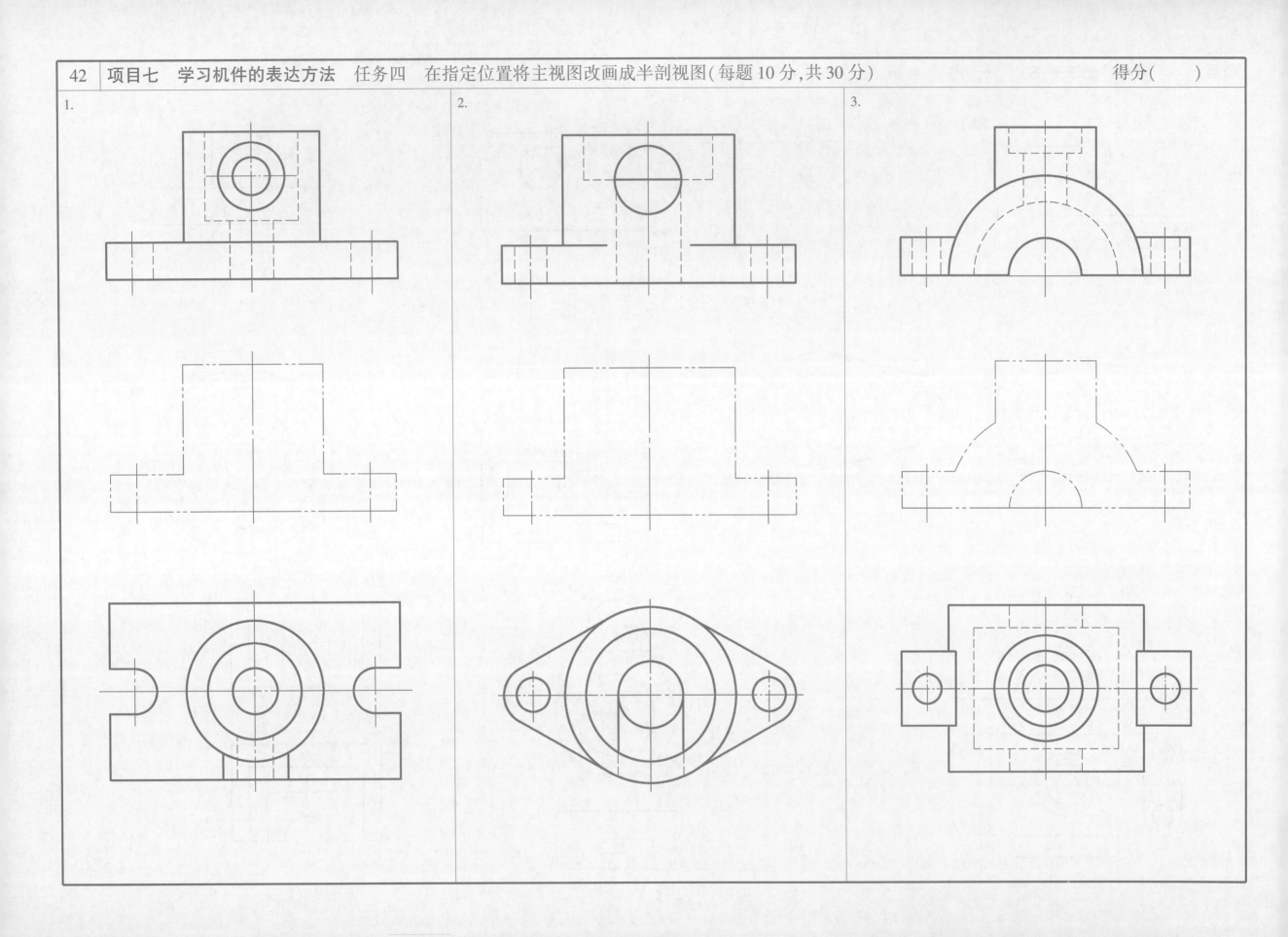

2.

3.

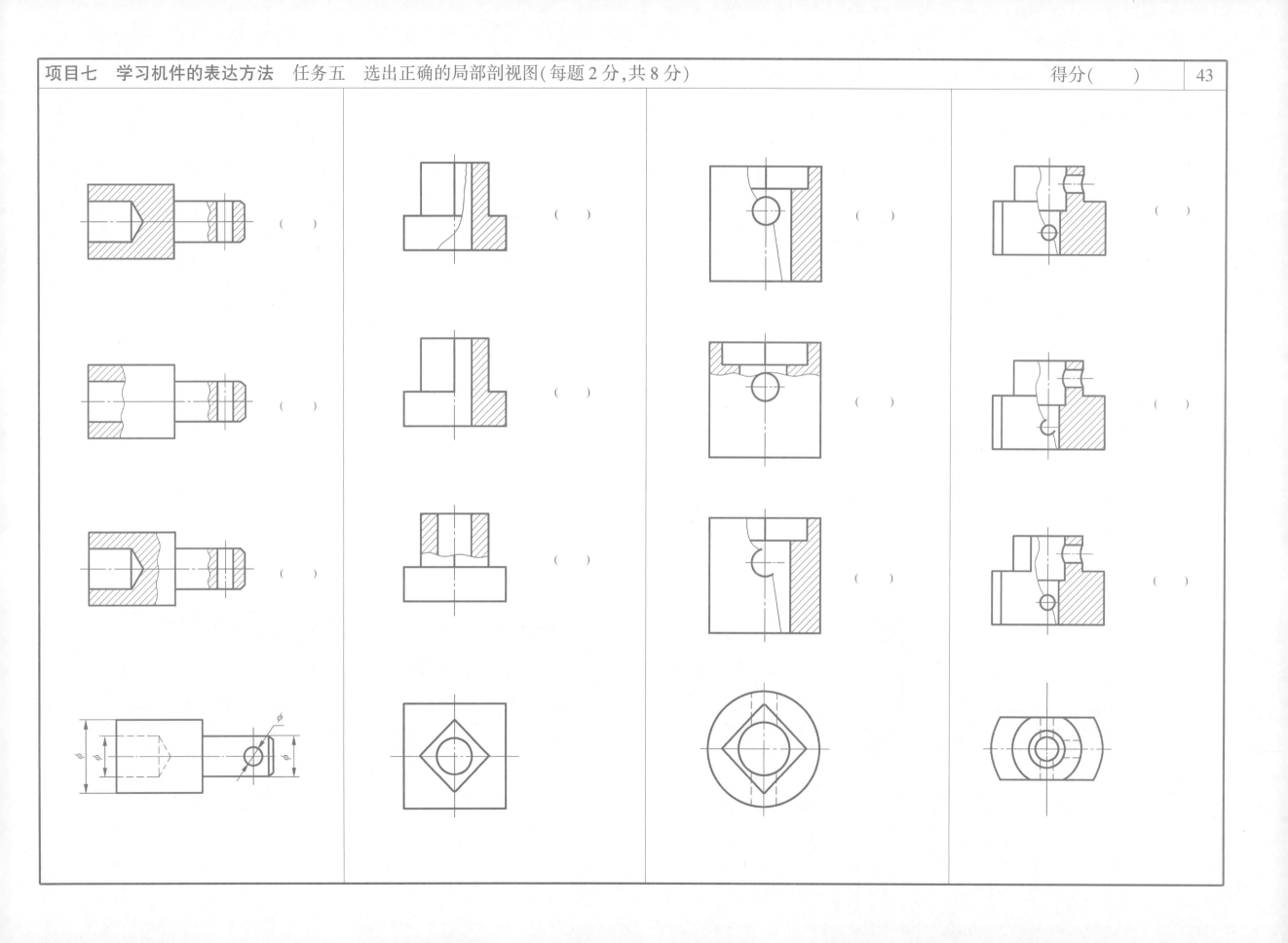

1. 作 A—A 斜剖视。

2. 用几个平行的剖切平面将主视图画成全剖视图。

3. 用相交的剖切平面剖开机件,在指定位置将主视图画成全剖视图。

4. 在指定位置,按指定剖切线将主视图画成全剖视图。

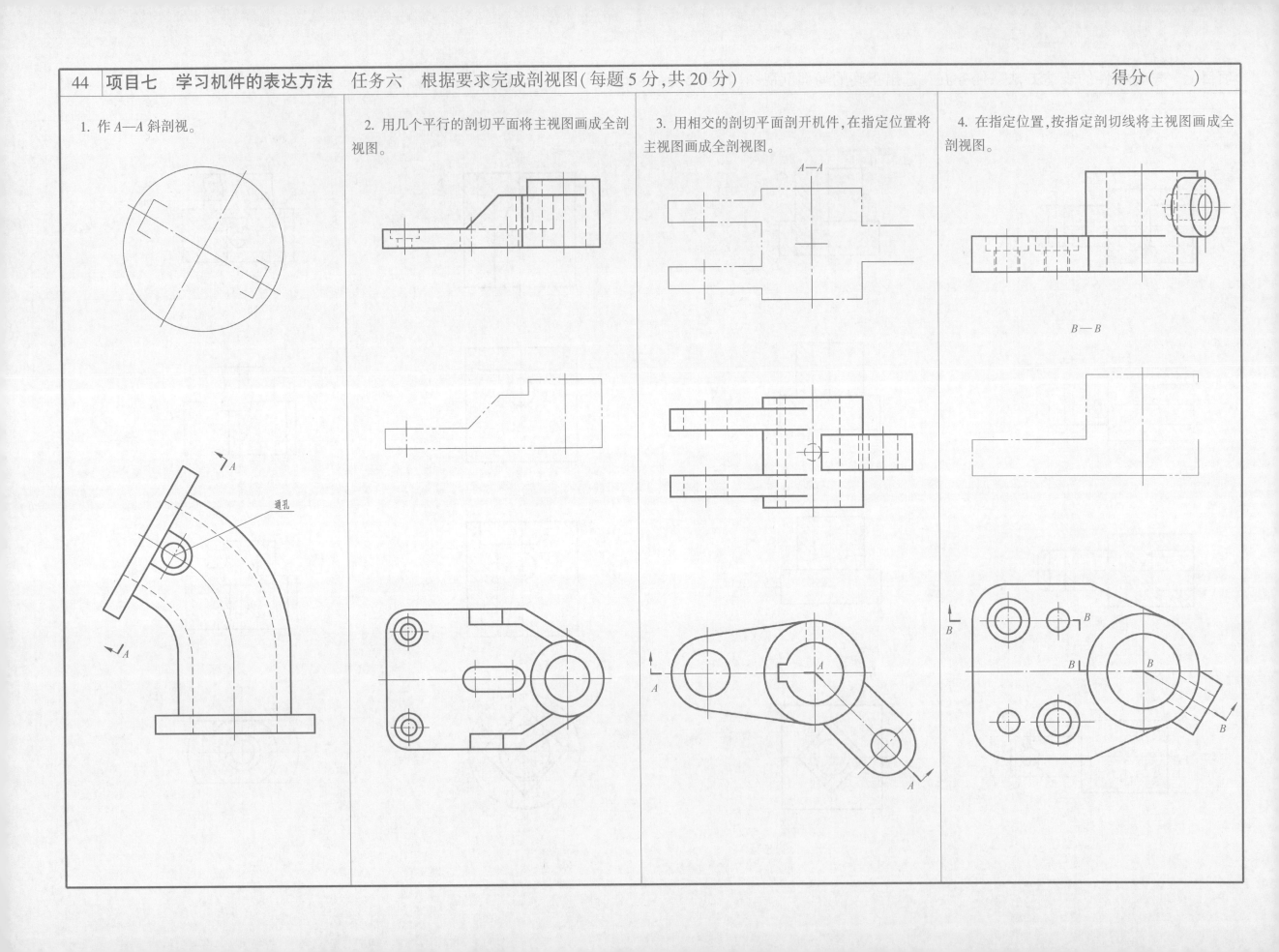

1. 在指定位置作移出断面图,键槽深参见轴测图。

2. 在主视图上细点画线处,作出中部十字肋的重合断面图。

3. 找出图中错误的断面图画法和标注方法,在下方画出正确的图形,并标注。

4. 在相交剖切平面迹线的延长线上作出移出断面图。

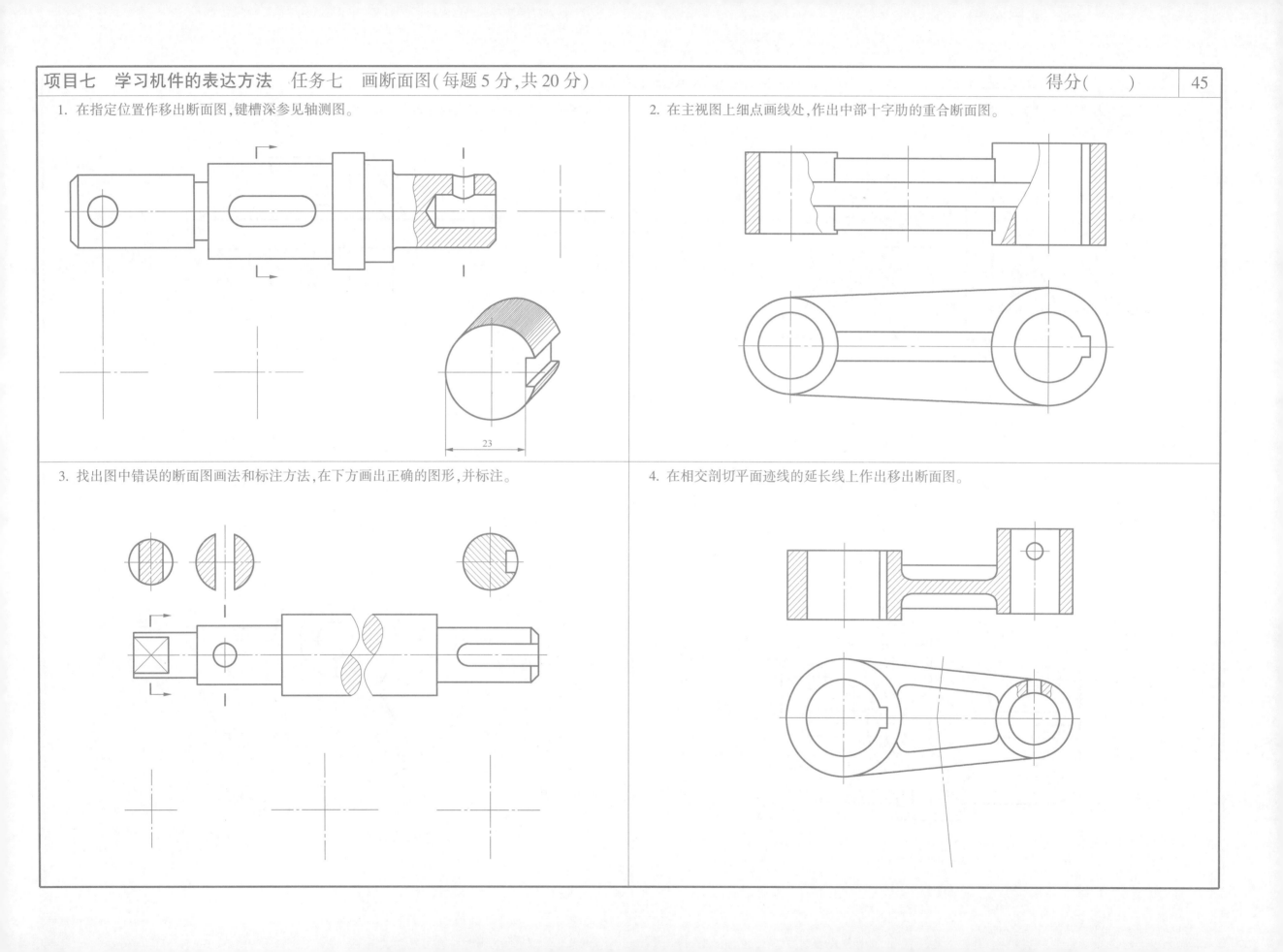

1. 找出剖视图中的错误,将正确的主视图画在指定位置,俯视图在原图上改正(错误处打"×")。

2. 按剖视的简化画法,将主视图画在指定位置。

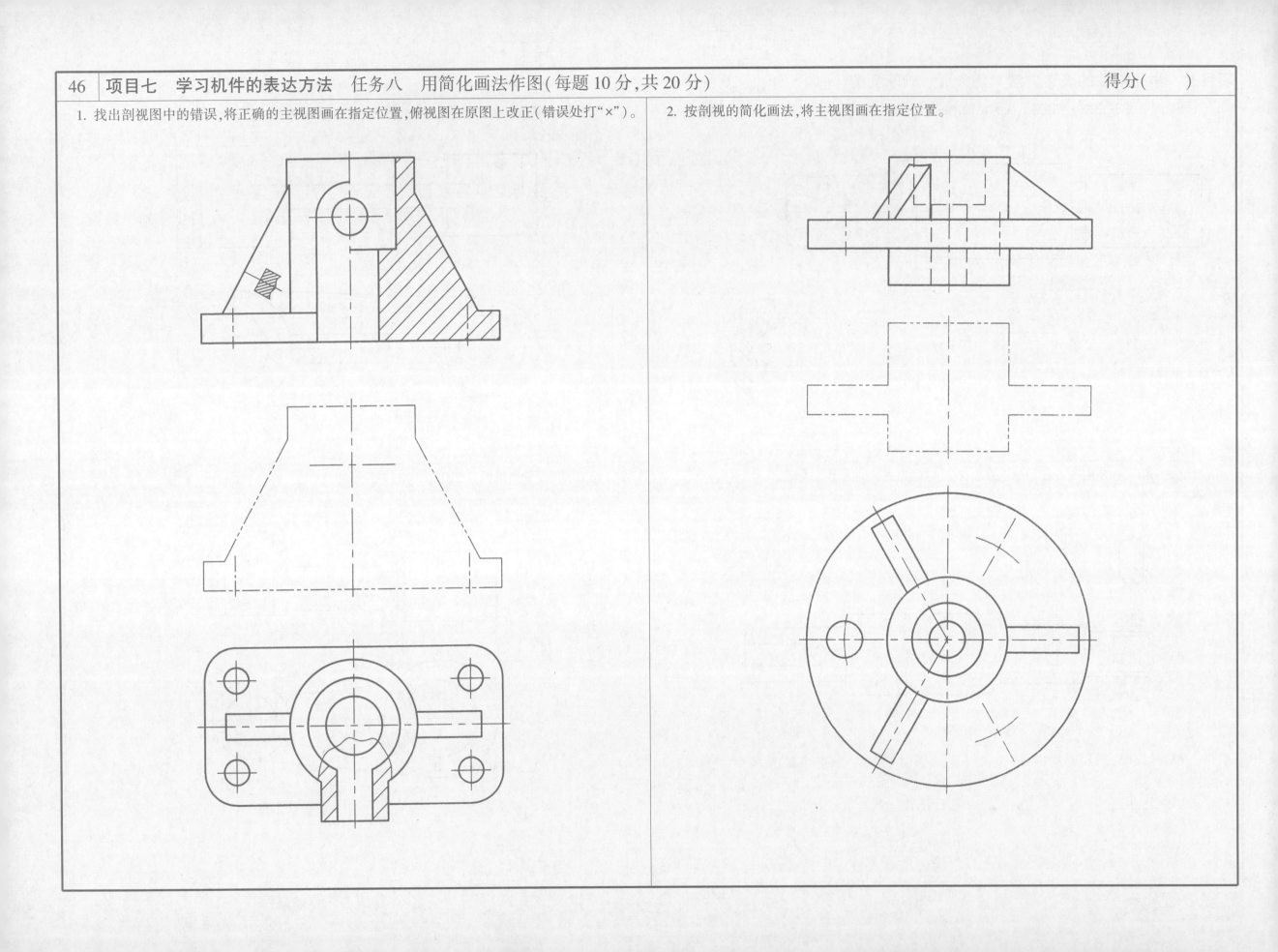

根据左边的三视图,在右边用恰当的方法进行表达(要求:不得有虚线,不得重复表达,不得有遗漏)。

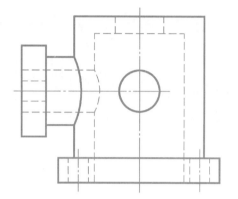
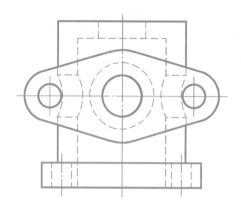
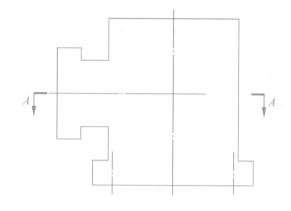

A　　　　　A

$A—A$

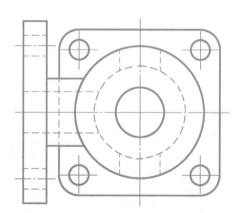
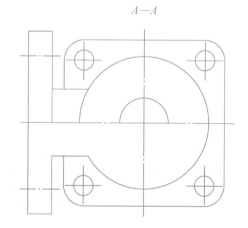

根据给定的立体图,选择恰当的表达方案,在左边空白处表达机件,并标注尺寸。建议:主视图采用局部剖,剖U形槽,左视图和俯视图采用全剖。检查无误后,再完成板图作业。(100分)

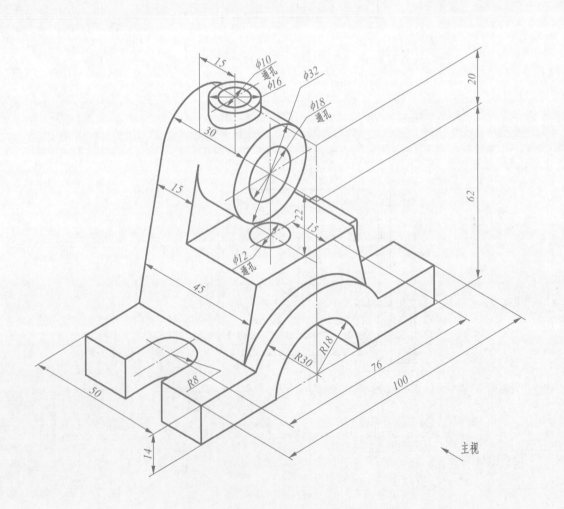

1. 参照图示尺寸,在指定位置画出 1：1 比例的内、外螺纹。(10 分)

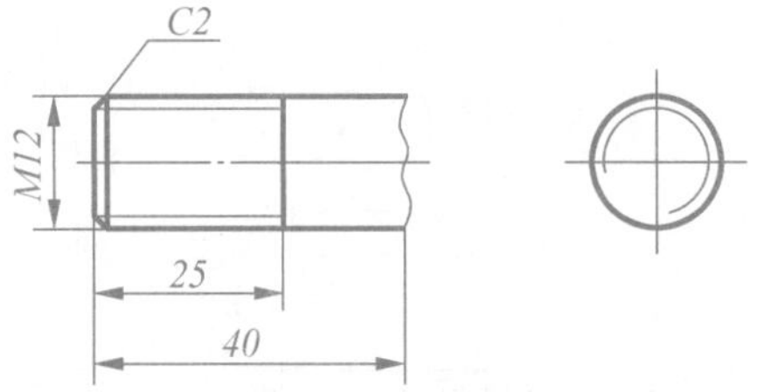

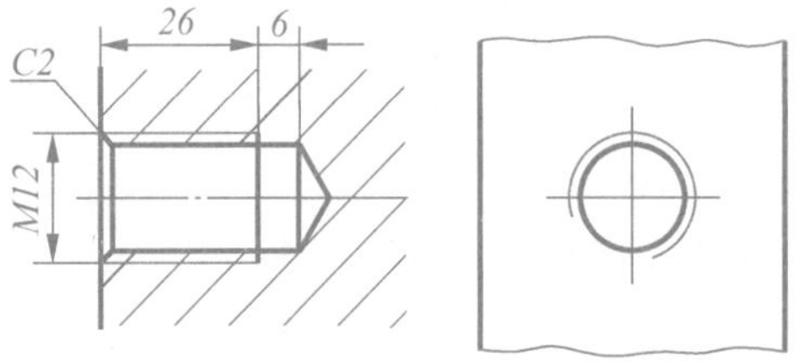

3. 按规定画法画出螺纹的主、左视图,比例 1：1。(20 分)

(1)外螺纹大径 20 mm,螺纹长度 30 mm,螺杆长度 45 mm,倒角为 C2。

(2)内螺纹大径 20 mm,螺纹深度 40 mm,钻孔深度 50 mm,倒角为 C2。

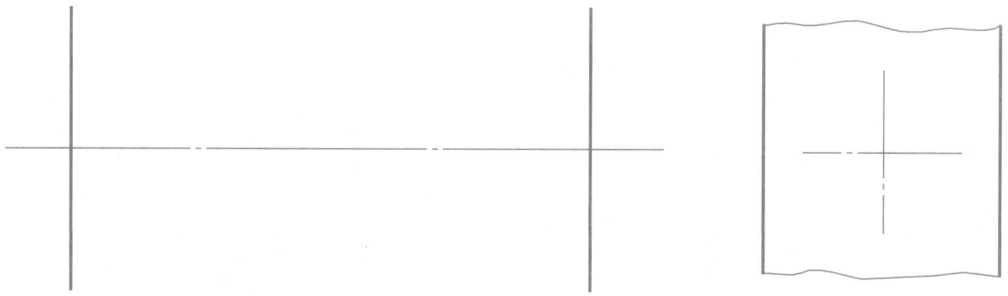

(3)画出上述内、外螺纹的连接图,要求外螺纹全部旋入。

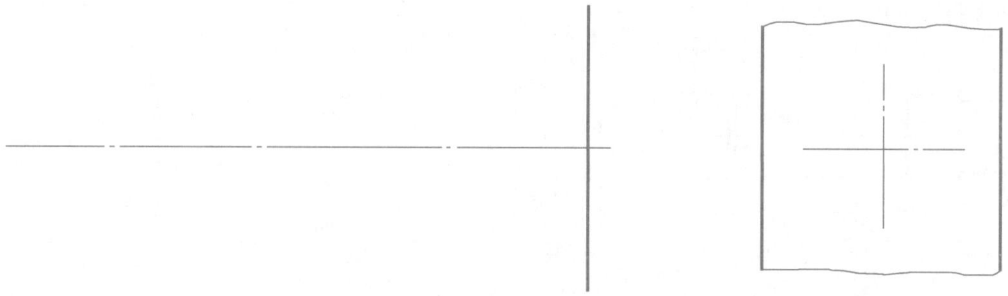

2. 画出第 1 题中的外螺纹与内螺纹孔旋合后的连接图,旋合长度为 20 mm。(10 分)

1. 根据给定的螺纹标记,查表填写下列内容。(10分)

内容 / 标记	螺纹种类	内、外螺纹	大径/mm	小径/mm	导程/mm	螺距/mm	线数	旋向	公差带 中径	公差带 顶径	旋合长度
例 M20-6h	粗牙普通螺纹	外	20	17.294	2.5	2.5	1	右	6h	6h	中等
M10×1-6h											
M24		外									
M24		内									
G1½A											
Rc2½											

2. 根据给定的螺纹要素,在图上进行标注。(4分)

(1)粗牙普通螺纹,大径30,螺距3.5,右旋,中径公差带为5g,顶径公差带为6g,中等旋合长度。

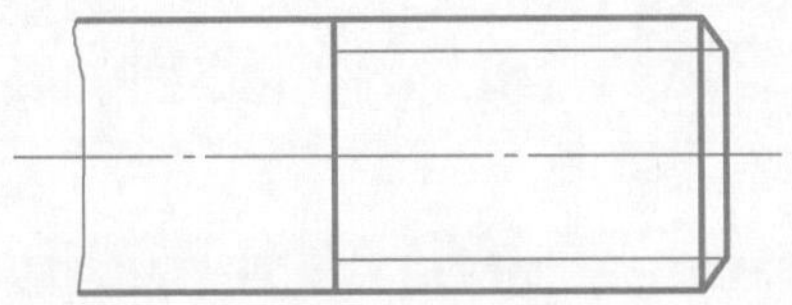

(2)细牙普通螺纹,大径24,螺距2,左旋,中径和顶径公差带均为6H,长旋合长度。

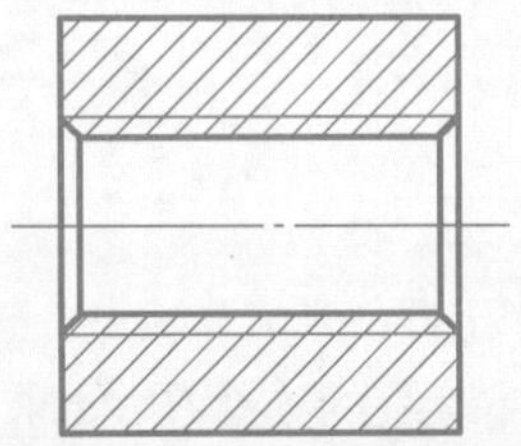

4. 板图作业 参考下图,按简化画法完成螺栓连接的三视图(主视图画全剖,俯、左视图画外形),螺栓规格 M20,比例 1:1,A4 图纸。该螺栓的标记为 _____。(100分)

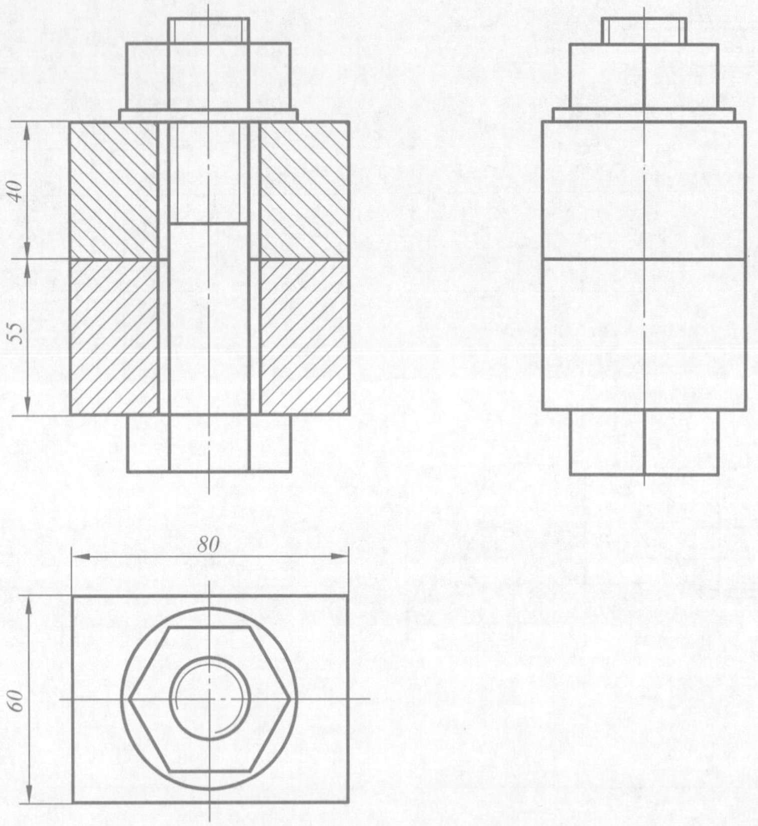

3. 查表确定下列螺栓连接紧固件尺寸,注写在相应位置上并写出其标记。(12分)

(1)A级六角头螺栓(GB/T 5782—2000)。

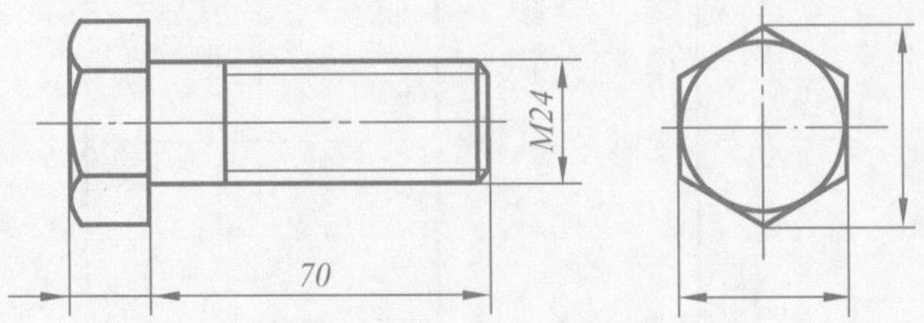

标记_____

(2)螺母(GB/T 6170—2000)。

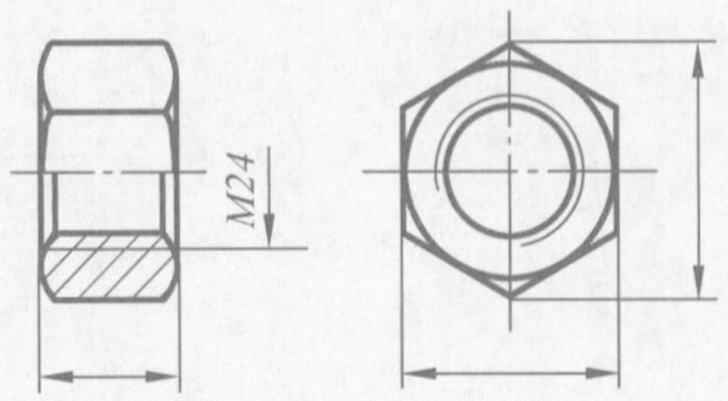

标记_____

(3)垫圈(GB/T 97.1—2002),公称尺寸24。

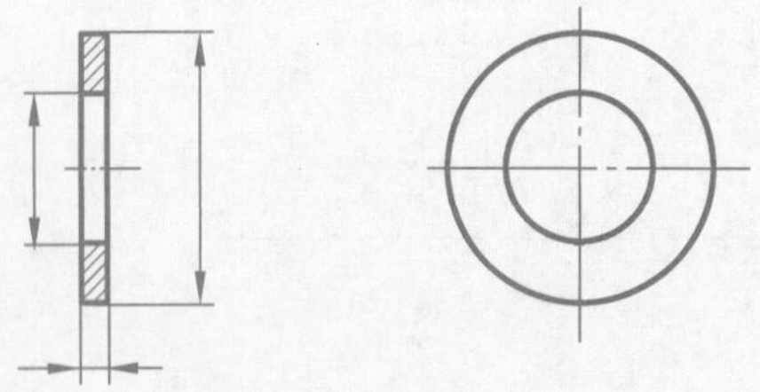

标记_____

1. 已知:螺柱 GB/T 898　M12×40;

　　螺母 GB/T 6170　M12;

　　垫圈 GB/T 93　12。

完成螺柱连接图。(10 分)

2. 已知:螺钉 GB/T 68　M10×40。

按 1 : 1 比例补全螺钉连接中所缺图线。(10 分)

3. 已知:螺钉 GB/T 65 M10×30。

　参考所给图形,按 1 : 1 比例完成螺钉连接装配图。(10 分)

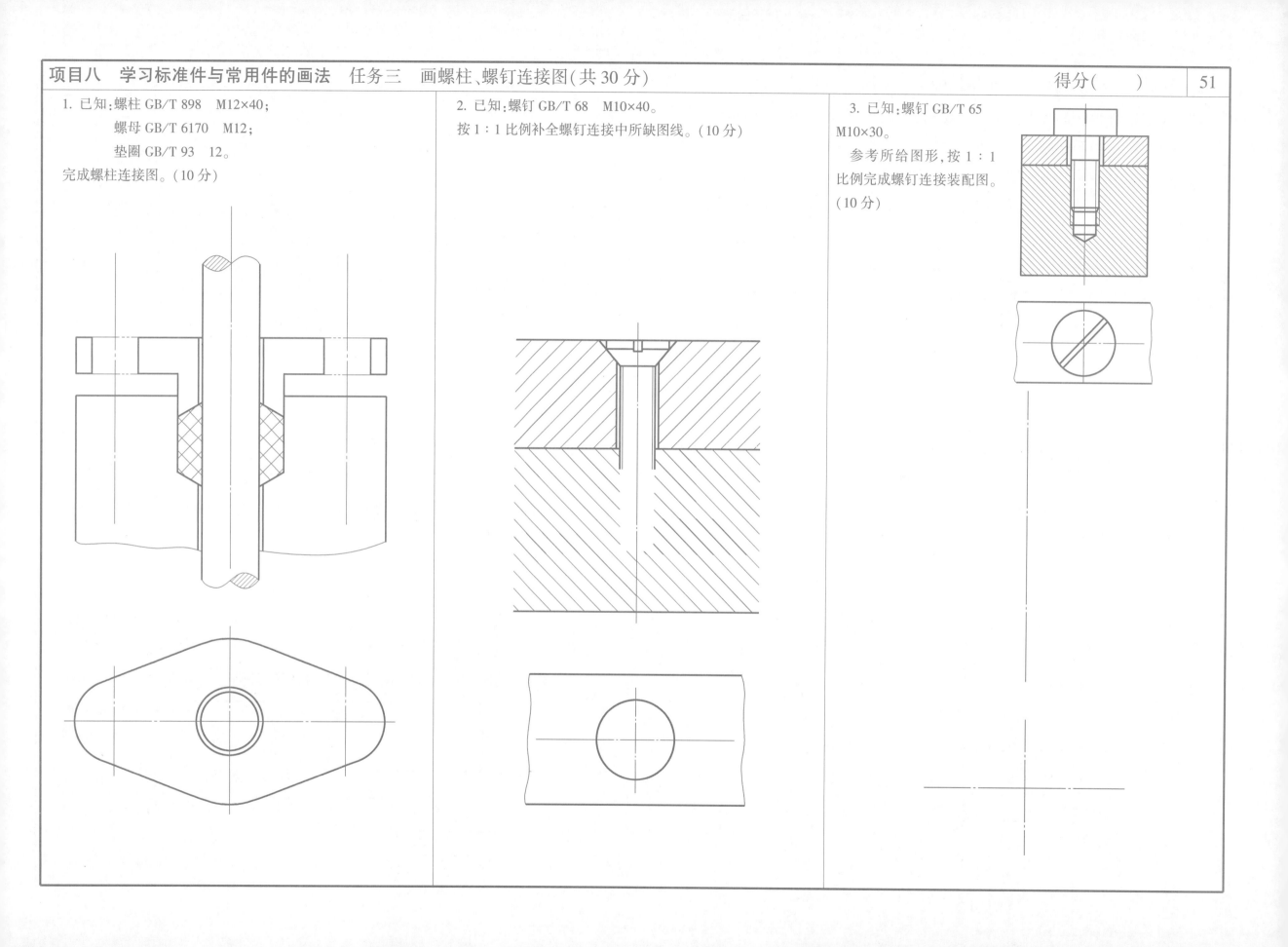

1. 用 A 型普通平键连接轴和齿轮。已知:轴、孔直径为 25,键的长度为 20。(30 分)

(1) 查表确定键和键槽的尺寸,按 1∶1 的比例完成轴和齿轮的图形,并标注键槽尺寸。

(2) 写出键的规定标记_____。

(3) 用键将轴和齿轮连接起来,并补全其装配图。

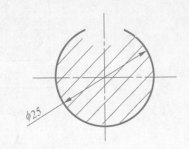

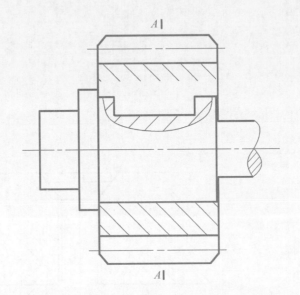

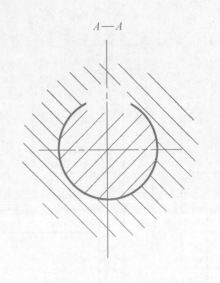

A—A

A|

A|

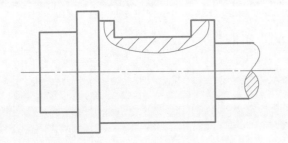

2. 齿轮与轴用直径为 10,公称长度为 32 的 A 型圆柱销连接,补全销连接的剖视图,并写出圆柱销的规定标记。(10 分)

圆柱销_____

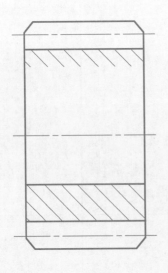

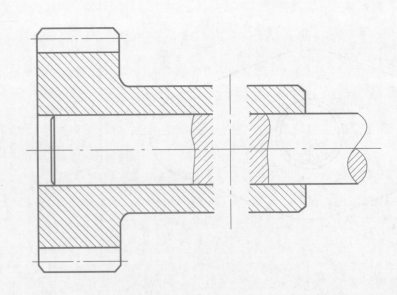

1. 已知阶梯轴两端安装轴承处的直径分别为 25 mm 和 15 mm,按 1:1 比例画出滚动轴承(规定画法)。(10分)

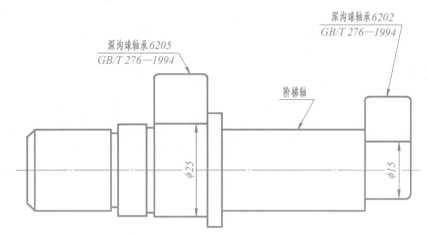

2. 已知圆柱螺旋压缩弹簧的线径 $d=5$ mm,弹簧中径 $D=45$ mm,节距 $t=10$ mm,自由高度 $H_0=130$ mm,有效圈数 $n=7.5$,支承圈数 $n_z=2.5$,右旋。用 1:1 比例画出弹簧的全剖视图(轴线水平放置),并标注尺寸。(10分)

3. 现测得直齿圆柱齿轮的 $d_a=76$ mm。数出齿数,计算分度圆直径及模数,按照轴孔大小查出键槽的各部分尺寸,并画出其零件图(轴孔直径等尺寸从图中量取,取整数)。(10分)

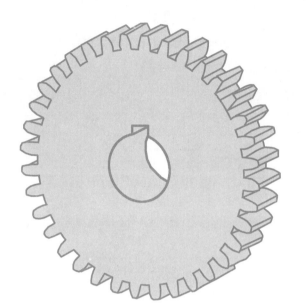

1. 徒手画图,不注尺寸。

2. 徒手画图,不注尺寸。

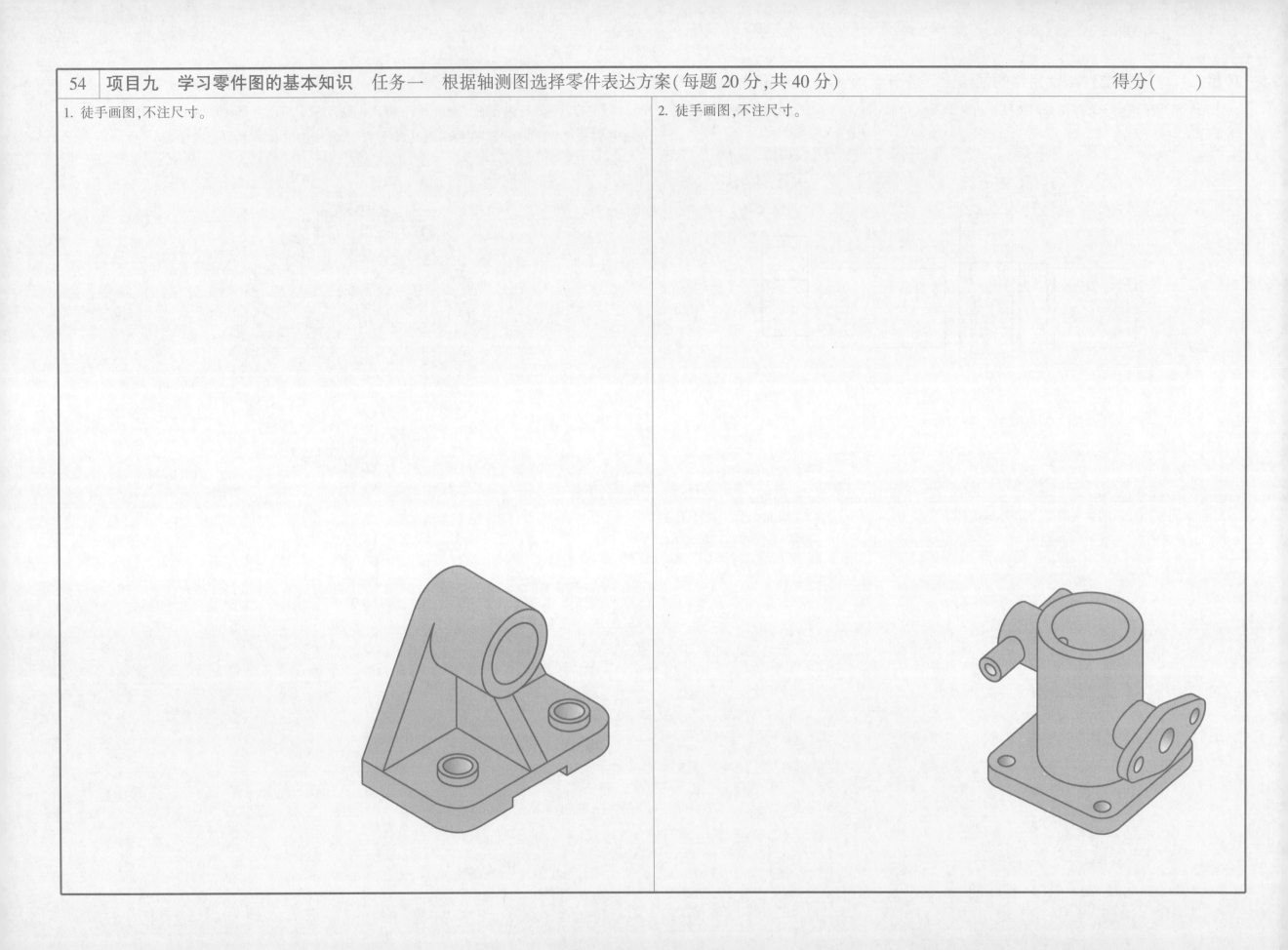

1. 用符号▲指出轴在长度方向上的主要尺寸基准,并标注尺寸,数值从图中量取(取整数),比例1:1.5,右端的螺纹标记为M20-5g6g。(25分)

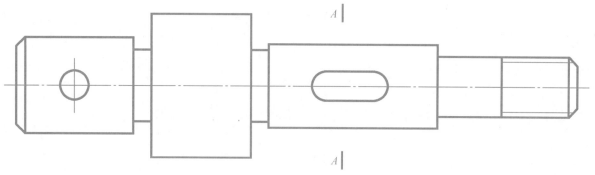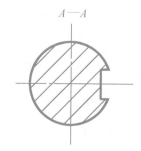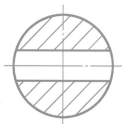

2. 根据配合代号及孔、轴的上、下极限偏差,判别配合制和类别,并辩认其公差带图(在空圈内填上相应的编号)。(15分)

① $\phi 30 \dfrac{H9}{d6}$

$\phi 30 H9\left(^{+0.052}_{\ 0}\right)$

$\phi 30 d6\left(^{-0.065}_{-0.117}\right)$

_____制_____配合

② $\phi 30 \dfrac{G7}{h6}$

$\phi 30 G7\left(^{+0.028}_{+0.007}\right)$

$\phi 30 h6\left(^{\ 0}_{-0.013}\right)$

_____制_____配合

③ $\phi 30 \dfrac{H7}{m6}$

$\phi 30 H7\left(^{+0.021}_{\ 0}\right)$

$\phi 30 m6\left(^{+0.021}_{+0.008}\right)$

_____制_____配合

④ $\phi 30 \dfrac{P7}{h6}$

$\phi 30 P7\left(^{-0.014}_{-0.035}\right)$

$\phi 30 h6\left(^{\ 0}_{-0.013}\right)$

_____制_____配合

⑤ $\phi 30 \dfrac{H7}{s6}$

$\phi 30 H7\left(^{+0.021}_{\ 0}\right)$

$\phi 30 s6\left(^{+0.048}_{+0.035}\right)$

_____制_____配合

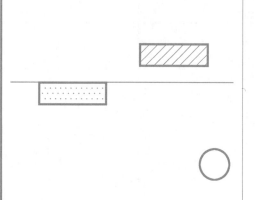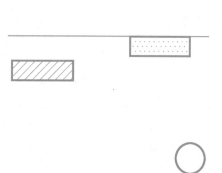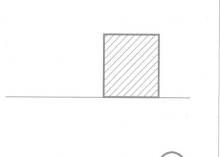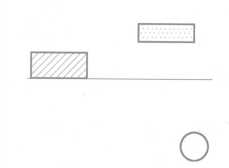

3. 根据图中的标注,填写右表(只填数值)。(12 分)

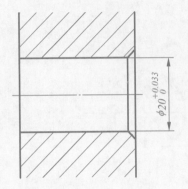
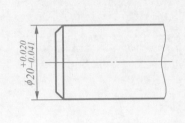

名　称	孔	轴
公称尺寸		
上极限尺寸		
下极限尺寸		
上极限偏差		
下极限偏差		
公　差		

4. 根据下列图形,分别标注孔、轴的公称尺寸,查表注写上、下极限偏差,并填空。(12 分)

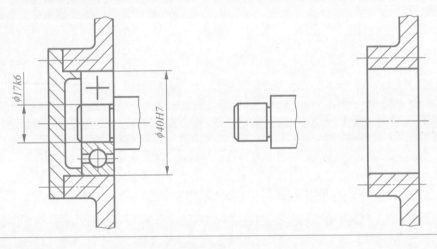

① 滚动轴承与零件孔的配合为_____制。

② 零件孔的基本偏差代号为_____。

③ 滚动轴承与轴的配合为_____。

④ 轴的基本偏差代号为_____。

5. 根据零件图的标注,在装配图上标出配合代号,并填空。(12 分)

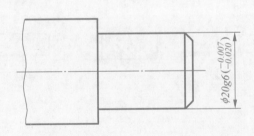
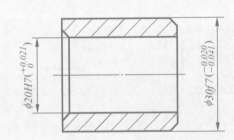
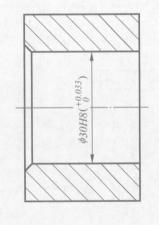
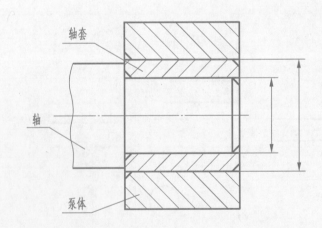

① 轴与轴套孔是_____制_____配合。

② 轴套与泵体孔是_____制_____配合。

1. 例

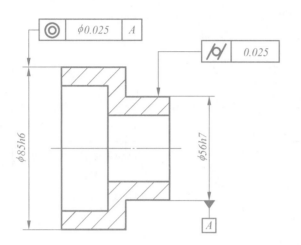

例:$\phi85$ 的轴线对$\phi56$ 轴线的同轴度公差为$\phi0.025$ mm;

$\phi56$ 圆柱面的圆柱度公差为 0.025 mm。

2. 参照第 1 题,填空说明图中几何公差代号的含义。(6 分)

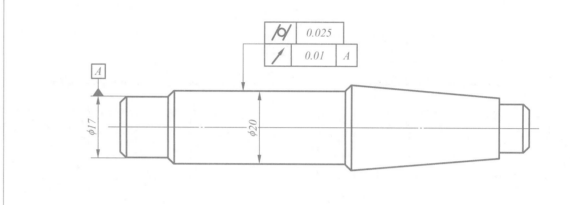

_____ 圆柱面的 _____ 公差为 _____。

_____ 圆柱面对 $\phi17$ 轴段的轴线的 _____ 公差为 _____。

3. 参照第 1 题,填空说明图中几何公差代号的含义。(4 分)

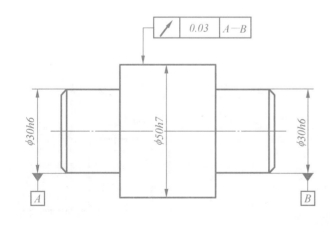

_____ 圆柱面对两个 _____ 公共轴线的 _____ 公差为 _____。

4. 参照第 1 题,填空说明图中几何公差代号的含义。(4 分)

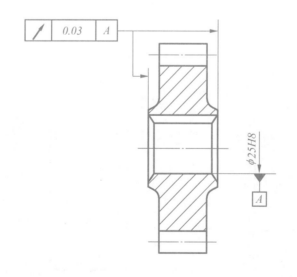

齿轮轮毂的两 _____ 面对 _____ 的轴线的 _____ 公差为 _____。

5. 参照第 1 题,填空说明图中几何公差代号的含义。(4 分)

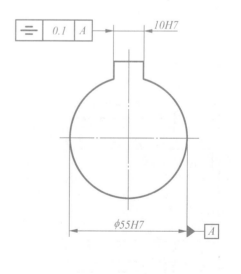

键槽的 _____ 对 _____ 轴线的 _____ 公差为 _____。

1. 按给定要求标注表面粗糙度(平面的 $Ra = 6.3$ μm,圆柱面为铸造表面)。(4分)

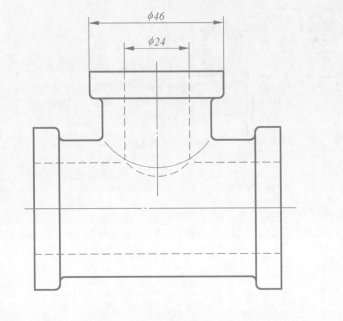
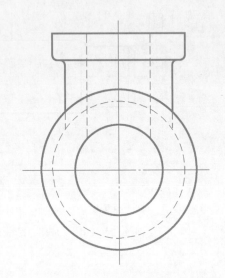

2. 按给定要求标注表面粗糙度。(6分)

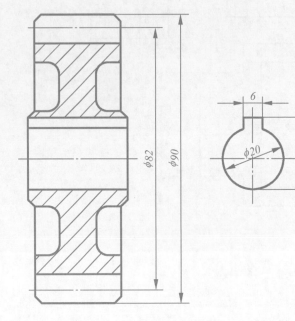

加工表面	Ra/μm
齿顶柱面	3.2
齿 面	1.6
端 面	6.3
键 槽	3.2
孔	1.6
其 余	12.5

3. 找出表面粗糙度标注中的错误,并将正确的结果标注在图(b)中。(7分)

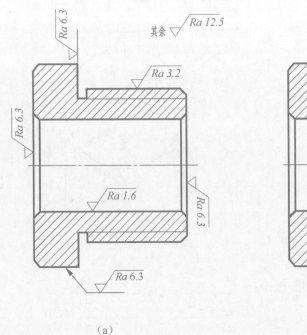
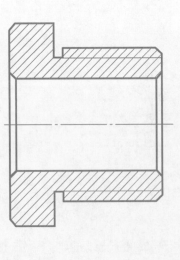

(a)　　　　　　　　　　(b)

4. 找出表面粗糙度标注中的错误,并将正确的结果标注在图(b)中。(6分)

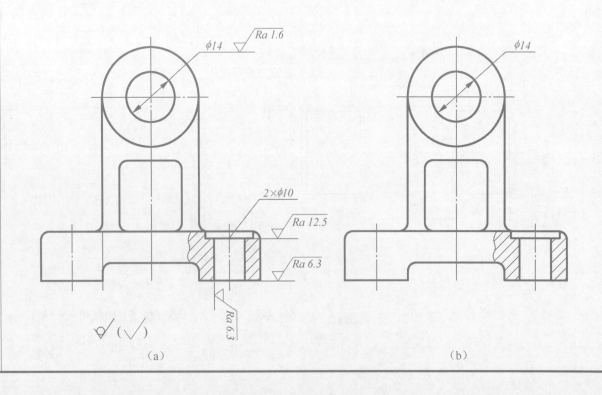

(a)　　　　　　　　　　(b)

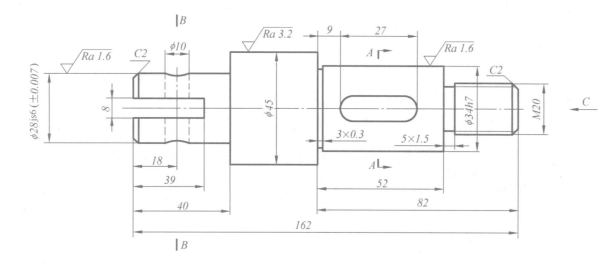

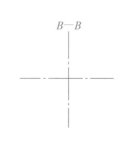

B—B

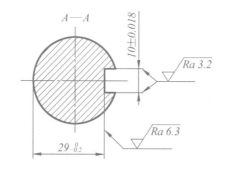

A—A

技 术 要 求

1.调质处理220~250HBS 。

2.锐边倒角。

读零件图,回答问题。(24 分)

1. 该零件的名称_____、比例_____、材料_____。

2. 用符号▲标出该零件的轴向、径向主要尺寸基准。

3. 该零件用了_____个基本视图来表达,A—A 是_____图。

4. 表面粗糙度共有_____级要求;图中要求最高的表面其 Ra 值为_____ μm;

　图中要求最低的表面其 Ra 值为_____ μm。

5. $\phi28$js6 轴段的下极限偏差为_____;上极限偏差为_____。

6. 图中标有 3×0.3 和 5×1.5 的尺寸,分别表示_____槽和_____槽的尺寸。

7. 在指定位置画出 B—B 移出断面图。

轴		班级	数控 1232	比例	1 : 2
		学号	36	材料	45
制图	曹颖	6/7/12		光明职业技术学院	
审核	张三	6/7/12			

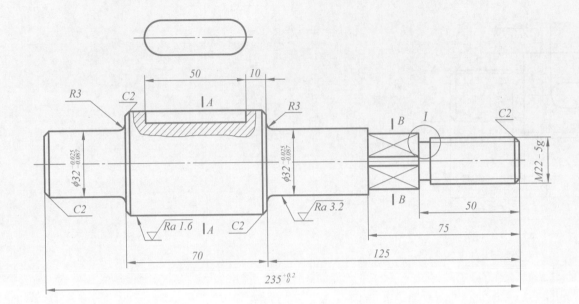

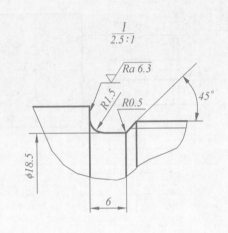

$\dfrac{I}{2.5:1}$

Ra 6.3　*R1.5*　*R0.5*　45°　$\phi 18.5$　6

$\dfrac{B-B}{1:1}$

$\square 22$　$\phi 27$

$A-A$

$14^{-0.018}_{-0.061}$　*Ra 3.2*　*Ra 6.3*　44.5 ( )　$\phi 50\pm 0.008$

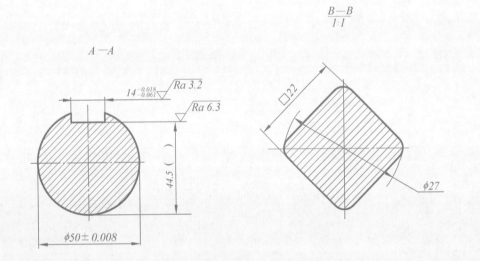

读零件图,回答问题。(17分)

1. 该零件的名称_____、比例_____、材料_____。

2. 此零件共用了_____个基本视图,_____局部视图,_____个断面图来表达。

3. 此零件的全长是_____ mm,根据这个尺寸标注的偏差值,最长可做成_____ mm。

4. 主视图上交叉两条细实线表示_____。

5. M22—5g 中的 5g 表示_____。

6. 绘制局部放大图主要目的是_____。

7. 指出该零件的轴向和径向的主要尺寸基准。

8. B—B 是移出断面放大图吗?_____。图中的□22 代表_____。

9. 查表确定键槽深度的极限偏差,并填写在 A—A 图中的括号内。

技 术 要 求

1. 除螺纹表面外,其他各圆柱表面高频淬火为45~50HRC。

2. $\phi 32^{-0.025}_{-0.087}$ 两圆柱面对$\phi 50\pm 0.008$轴线的圆跳动公差不大于0.04。

$\sqrt{Ra12.5}$ ($\sqrt{}$)

轴		班级	数控1232	比例	1:2
		学号	36	材料	45
制图	曹颖	6/7/12		光明职业技术学院	
审核	张三	6/7/12			

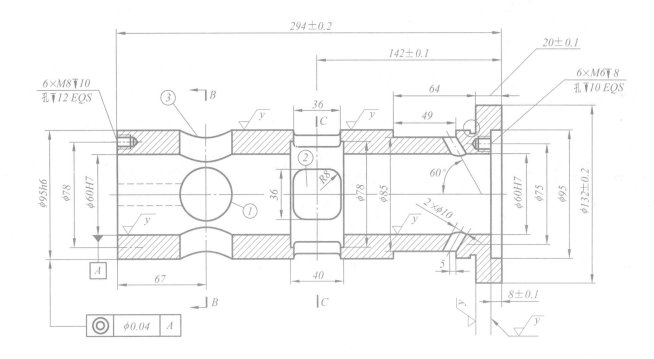

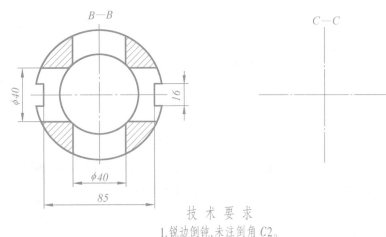

B—B

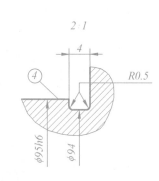

C—C

2：1

技 术 要 求
1. 锐边倒钝,未注倒角C2。
2. 全部螺孔均有倒角C1。

读零件图,回答问题。

1. 主视图符合零件的_____位置,采用_____视图。

2. 用箭头指出径向与轴向的主要尺寸基准。

3. 套筒左端面有_____个螺孔,_____为8,_____深为10,_____深为12。

4. 套筒左端两条细虚线之间的距离是_____,图中标有①处的直径是_____,标有②处线框的定形尺寸是_____,定位尺寸是_____。

5. 图中标有③处的曲线是由_____和_____相交而形成的_____线。

6. 局部放大图中④处的表面粗糙度为_____。

7. 查表确定极限偏差:

ϕ95h6(_____)、

ϕ60H7(_____)。

8. 在指定位置补画C—C断面图。

套 筒	班级	数控1232	比例	1：2
	学号	36	材料	45
制图	曹颖	6/7/12		光明职业技术学院
审核	张三	6/7/12		

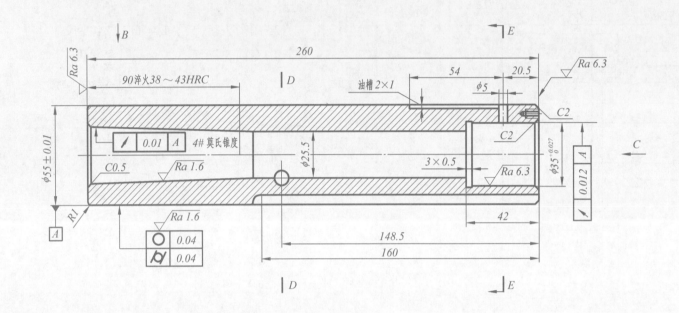

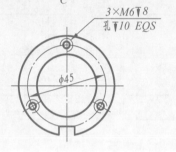

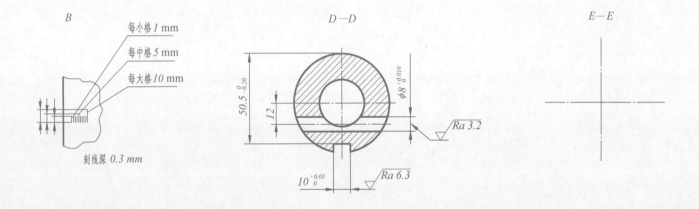

读零件图回答问题。

1. 该零件共画了_____个基本视图,_____个断面图。

   B 图是_____图,C 图是_____图。

2. D—D 断面图为什么要标注?

   因为_____。

3. φ8 孔的定位尺寸是_____、_____。

4. 此零件轴向主要尺寸基准是_____端面。

5. 此零件上有_____个螺纹孔,其定位尺寸是_____。

6. 在指定位置画出 E—E 断面图。

技 术 要 求

1.莫氏圆锥样棒上的刻线与孔面距公差为 0.02 mm。

2.调质处理 HRC20~40。

$\sqrt{Ra12.5}$ ($\sqrt{}$)

车床尾架空心套	班级	数控 1232	比例	1:2
	学号	36	材料	45
制图	曹颖	6/7/12	光明职业技术学院
审核	张三	6/7/12	

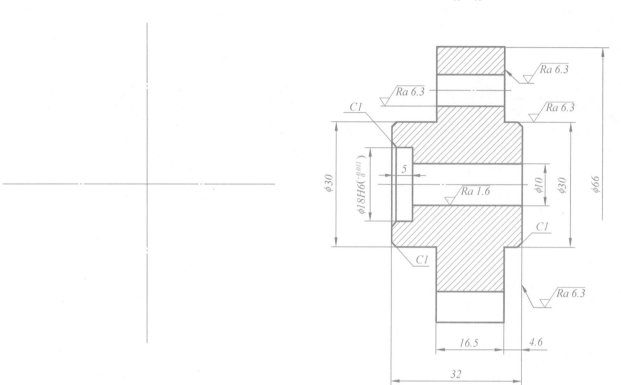

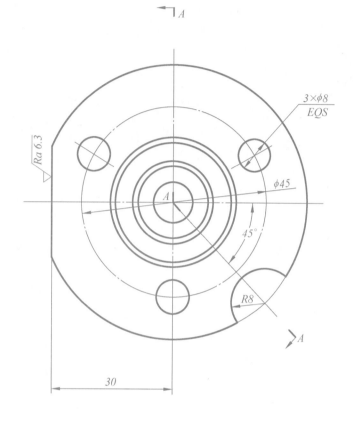

技 术 要 求

1. 未注圆角 R2~R3。

2. 锐边倒钝。

读零件图,回答问题。(20 分)

1. 该零件采用_____个基本视图表达零件的结构和形状,主视图为_____视图,它的剖切位置在_____视图中注明。

2. 该零件的表面粗糙度共有_____级要求;精度要求最高的 Ra 值为_____;要求最低的表面粗糙度代号为_____。

3. φ18H6 孔的上极限偏差为_____,下极限偏差为_____。

4. 指出该零件的轴向、径向主要尺寸基准。

5. 在指定位置画出右视图(尺寸从图中量取,不注尺寸,不画虚线)。

$\sqrt{Ra12.5}$ ($\sqrt{}$)

盘	班级	数控 1232	比例	1 : 2
	学号	36	材料	25
制图	曹颖	6/7/12	光明职业技术学院	
审核	张三	6/7/12		

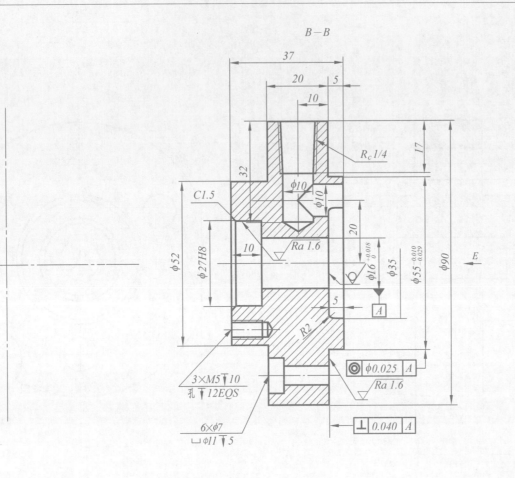

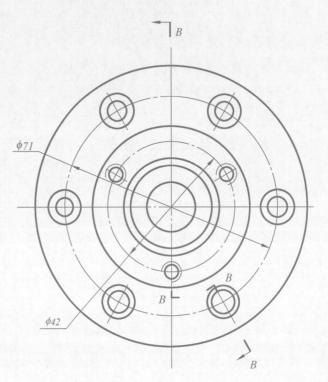

技 术 要 求

1.未注圆角 R2~R5。

2.铸造毛坯不得有砂眼、裂纹。

读零件图,回答问题。(25 分)

1. 该零件图采用_____个基本视图表达零件的结构和形状,主视图为_____剖视,它的剖切位置在_____视图中注明。

   剖切面的种类是_____。

2. 轴线为_____的主要尺寸基准,$\phi 90$ 右端面为_____主要尺寸基准,端盖左右端面为_____基准。

3. $\phi 27H8$ 的公称尺寸为_____,基本偏差代号为_____,标准公差为 IT_____级。

4. 查表确定公差带代号:$\phi 16^{+0.018}_{0}$(_____);$\phi 55^{-0.010}_{-0.029}$(_____)。

5. 端盖表面未注粗糙度代号为_____。

6. 说明 $Rc1/4$ 的含义:_____。

7. 解释代号 $\dfrac{3 \times M5 \top 10}{孔 \top 12\ EQS}$ 的含义:_____。

8. 在指定位置画出端盖的右视外形图。

$\sqrt{Ra6.3}$ $\left(\sqrt{}\right)$

端 盖	班级	数控 1232	比例	1:1
	学号	36	材料	HT150
制图 曹颖 6/7/12				
审核 张三 6/7/12	光明职业技术学院			

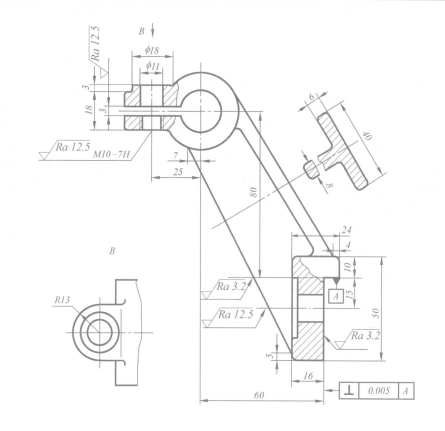

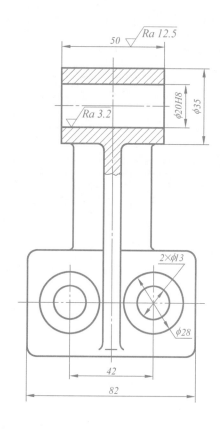

技 术 要 求
1.未注圆角 R2~R3。
2.未注倒角 C1。

读零件图,回答问题。(20分)

1. 用箭头指出长、宽、高方向的主要尺寸基准。

2. B 图是_____图,因为_____,所以要标注。

3. 尺寸 φ20H8 中的 H8 是_____代号,H 是_____代号,8 是_____代号。

4. 几何公差框格 ⊥ | 0.005 | A 表示_____的右端面对顶面的_____公差为_____。

5. 该托架总长度为_____。

6. 在指定位置补画右视图外形图。

托架	班级	数控 1232	比例	1∶1
	学号	36	材料	HT150
制图　曹颖　6/7/12		光明职业技术学院		
审核　张三　6/7/12				

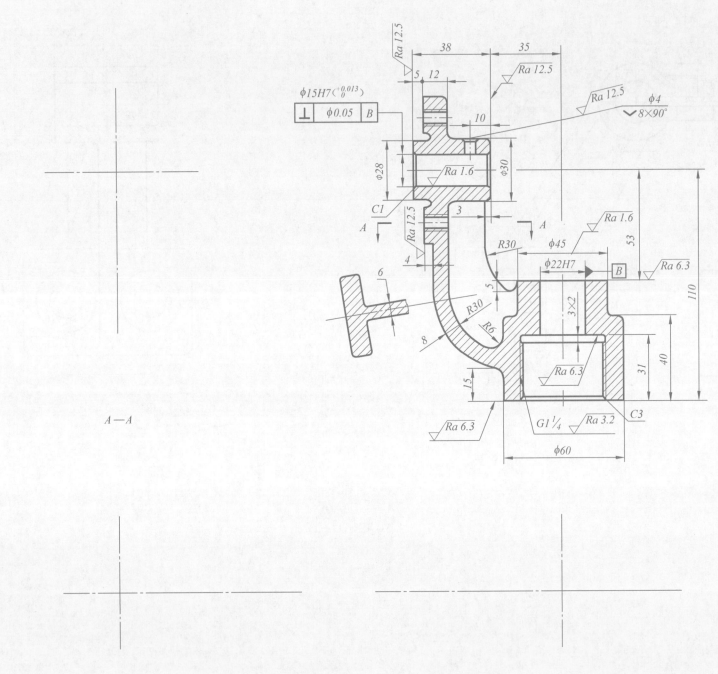

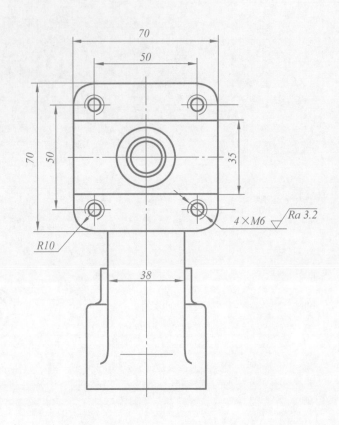

A—A

技 术 要 求
1.铸件不允许有砂眼、缩孔等缺陷。
2.未注圆角均为R3~R5。

读零件图,回答问题。(40分)

1. 此零件的名称＿＿＿＿、比例＿＿＿＿、材料＿＿＿＿。

2. 主视图采用的是＿＿＿＿＿剖视,为什么未进行标注?

因为＿＿＿＿＿＿＿＿＿,所以未进行标注。

3. 主视图上没剖的部分是＿＿＿＿＿＿＿。

4. φ15H7 的定位尺寸是＿＿＿＿,四个螺孔的定位尺寸是＿＿＿＿、＿＿＿＿。

5. 在指定位置画出右视图、俯视图和 A—A 断面图。

 (√)

轴架		班级	数控1232	比例	1:1
		学号	36	材料	HT200
制图	曹颖 6/7/12		光明职业技术学院		
审核	张三 6/7/12				

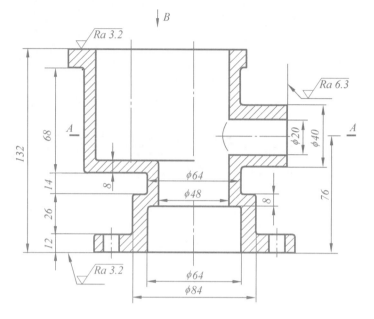

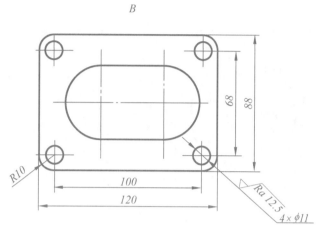

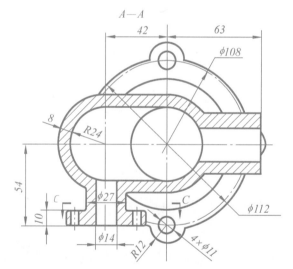

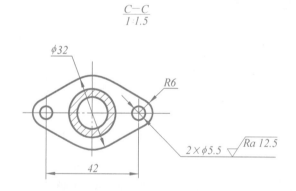

技 术 要 求

1.未注铸造圆角 R3~R5。

2.铸件不得有气孔、裂纹等缺陷。

读零件图,回答问题。

1. 用箭头标出长、宽、高三个方向的主要尺寸基准。

2. 主视图中的细实线圆弧是_____线。

3. 该零件表面粗糙度有_____级要求,它们分别是_____。

4. C—C 是 _____ 图,为了_____ 所以采用了 1:1.5 的比例,该比例是_____(放大、缩小)比例。B 是_____图。

5. 在指定位置画出左视图(虚线不画)。

底座	班级	数控 1232	比例	1:2
	学号	36	材料	ZG230~450
制图	曹颖	6/7/12		
审核	张三	6/7/12	光明职业技术学院	

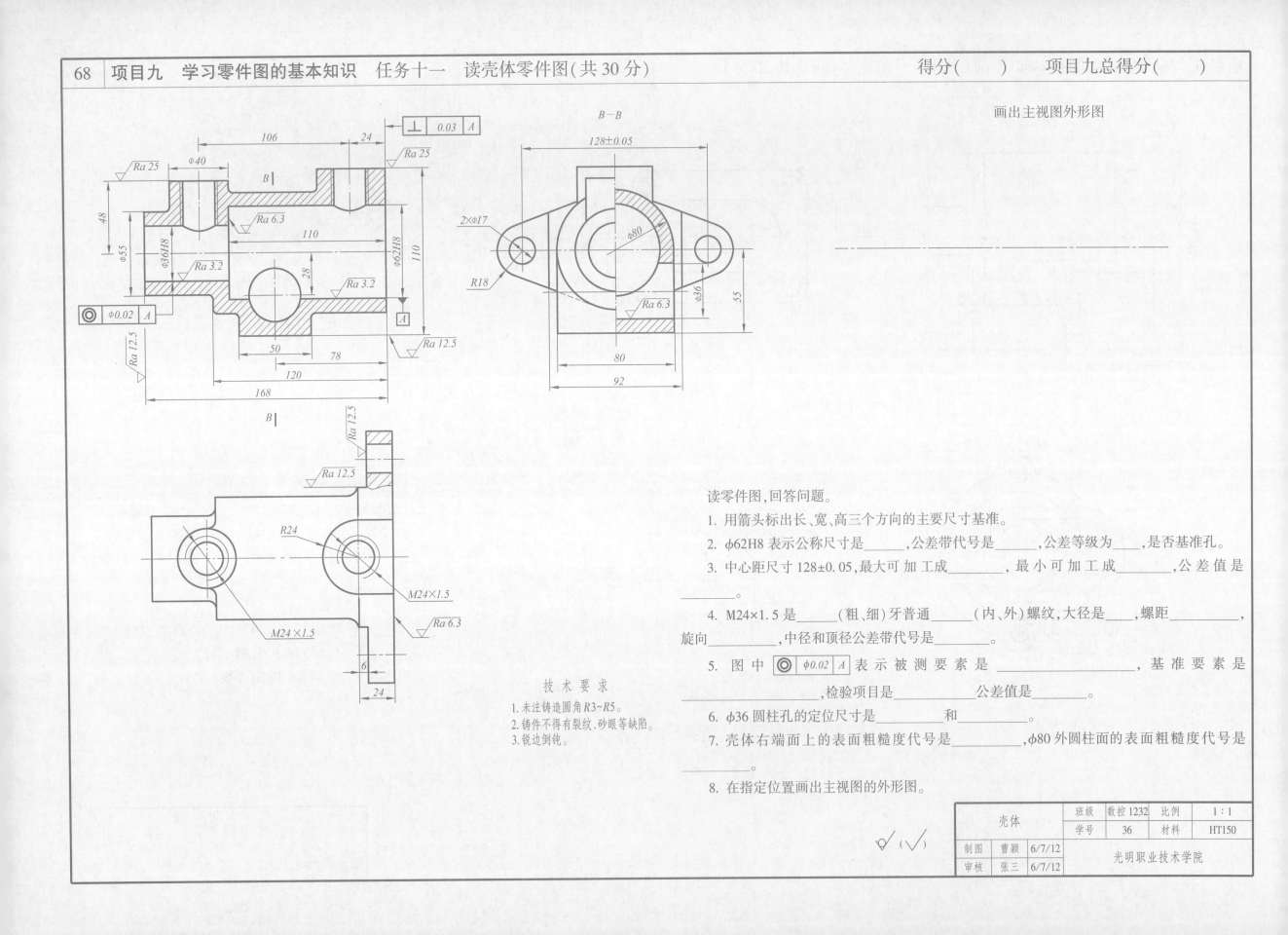

画出主视图外形图

技 术 要 求

1.未注铸造圆角R3~R5。
2.铸件不得有裂纹、砂眼等缺陷。
3.锐边倒钝。

读零件图,回答问题。

1. 用箭头标出长、宽、高三个方向的主要尺寸基准。

2. φ62H8 表示公称尺寸是_____,公差带代号是_____,公差等级为___,是否基准孔。

3. 中心距尺寸 128±0.05,最大可加工成_____,最小可加工成_____,公差值是_____。

4. M24×1.5 是_____(粗、细)牙普通_____(内、外)螺纹,大径是___,螺距_____,旋向_____,中径和顶径公差带代号是_____。

5. 图中 ◎ φ0.02 A 表示被测要素是_____,基准要素是_____,检验项目是_____公差值是_____。

6. φ36 圆柱孔的定位尺寸是_____和_____。

7. 壳体右端面上的表面粗糙度代号是_____,φ80 外圆柱面的表面粗糙度代号是_____。

8. 在指定位置画出主视图的外形图。

壳体		班级	数控1232	比例	1:1
		学号	36	材料	HT150
制图	曹颖	6/7/12		光明职业技术学院	
审核	张三	6/7/12			

1. 结构说明

机用虎钳是机械加工时用来夹持工件的一种夹具,它主要由固定钳身、活动钳身、护口板、螺杆和螺母组成。固定钳身安装在工作台上,螺杆固定在固定钳身上,摇动螺杆带动螺母做直线移动,螺母与活动钳身固定在一起,因此,当螺杆转动时,活动钳身就会移动。

2. 机用虎钳结构示意图

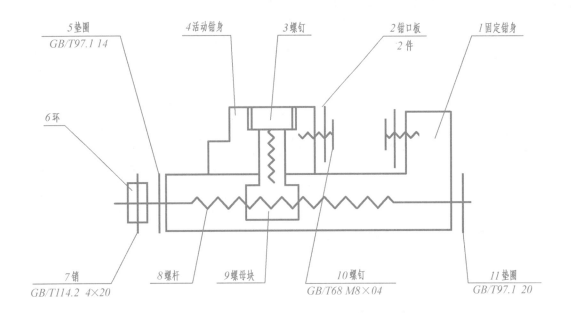

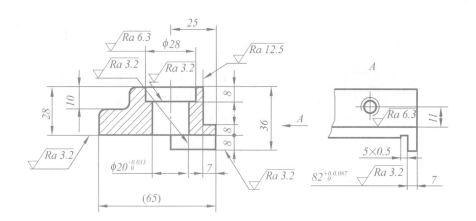

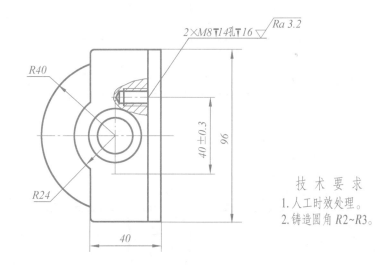

技 术 要 求
1. 人工时效处理。
2. 铸造圆角 R2~R3。

	序号	4	比例	1:1.5
活动钳身	数量	1	材料	HT200

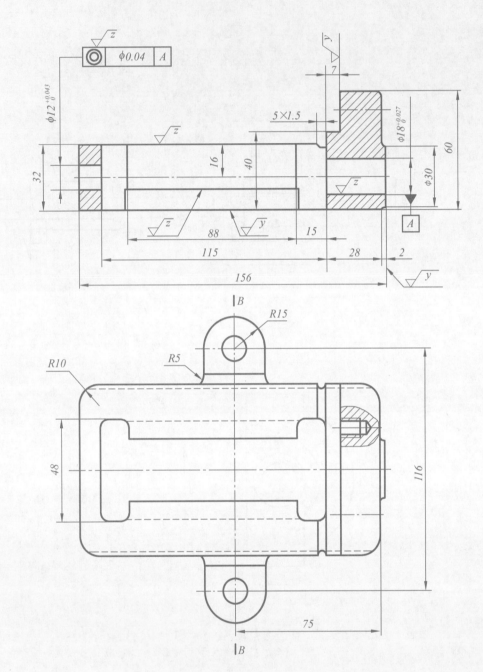

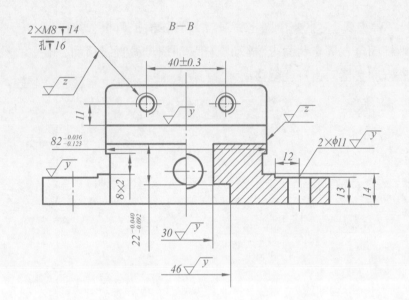

技 术 要 求
1.人工时效处理。
2.铸造圆角 R2~R3。

$\sqrt{y} = \sqrt{Ra6.3}$

$\sqrt{z} = \sqrt{Ra1.6}$

$\forall(\sqrt{})$

| 固定钳座 | 序号 | 1 | 比例 | 1:2 |
| | 数量 | 1 | 材料 | HT200 |

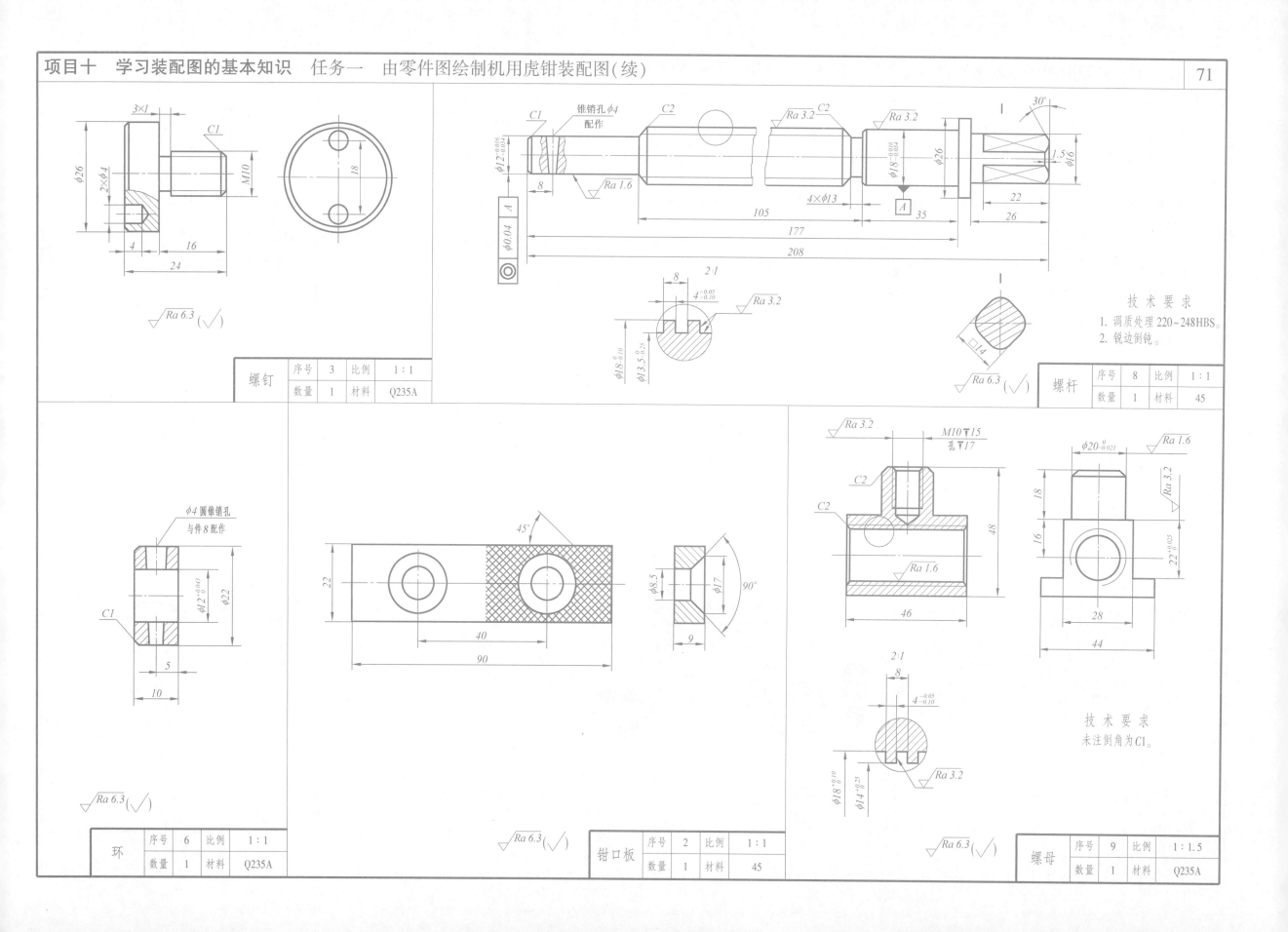

技 术 要 求
1. 调质处理 220~248HBS。
2. 锐边倒钝。

技 术 要 求
未注倒角为C1。

| 螺钉 | 序号 | 3 | 比例 | 1:1 |
| | 数量 | 1 | 材料 | Q235A |

| 螺杆 | 序号 | 8 | 比例 | 1:1 |
| | 数量 | 1 | 材料 | 45 |

| 环 | 序号 | 6 | 比例 | 1:1 |
| | 数量 | 1 | 材料 | Q235A |

| 钳口板 | 序号 | 2 | 比例 | 1:1 |
| | 数量 | 1 | 材料 | 45 |

| 螺母 | 序号 | 9 | 比例 | 1:1.5 |
| | 数量 | 1 | 材料 | Q235A |

安　全　阀

一、工程原理

安全阀是一种安装在供油管路中的安全装置,安全阀结构示意图中用箭头表示了油的流动方向。在正常工作时,阀门2靠弹簧4的压力处于关闭位置,油从阀体1右端孔流入,从下端孔流出;当油压超过允许压力时,阀门2被顶开,向上抬起,过量的油就从阀体1和阀门2开启后的缝隙间经阀体左端孔管道流回油箱(如虚线所示),从而使管路中的油压保持在允许范围内,起到安全保护作用。

阀门2的开启、闭合是由弹簧4控制,弹簧压力的大小通过螺杆8进行调节。为防止螺杆8松动,其上端用螺母10锁紧。

阀帽9用以保护螺杆免受损伤或触动。

阀门2中的螺孔是在研磨阀门接触面时,用以连接带动阀门转动的支承杆和装卸阀门。阀门下部有两个横向小孔,其作用一是快速溢油,以减少阀门运动时的背压力;二是当拆卸时,先用一小棒插入横向小孔中不让阀门转动,在阀门中旋入支承杆,起卸出阀门。

阀体1中装配阀门的孔ϕ35H7,采用了四个凹槽的结构,可减少加工面及减少运动时的摩擦阻力。它和阀门2的配合为ϕ35H7/f8。

二、装配图的技术要求

1. 阀门装入阀体时,在自重作用下,能缓慢下降。

2. 安全阀装配完成后须经油压试验,在14.7 kPa下,各装配表面无渗漏现象。

3. 阀体与阀门的密合面须经研磨配合。

4. 调整安全阀弹簧,使油路压力在14.7 kPa时安全阀即开始工作。

注:螺柱、螺母、螺钉、垫圈等标准件的材料均是Q235A。

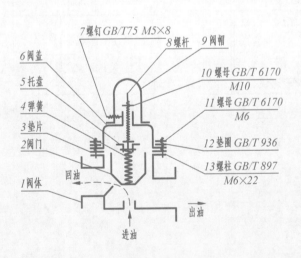

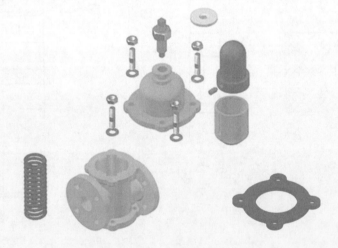

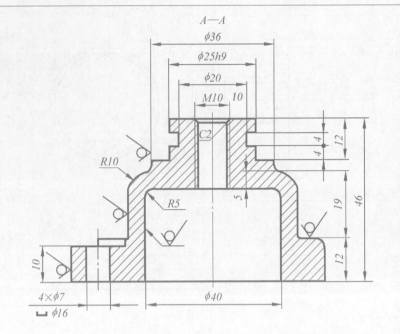

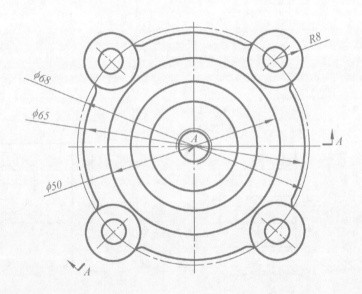

技术要求
未注圆角R3。

$\sqrt{Ra\,12.5}$（√）

| 阀　盖 | 序号 | 6 | 比例 | 1:1 |
| | 数量 | 1 | 材料 | ZL101 |

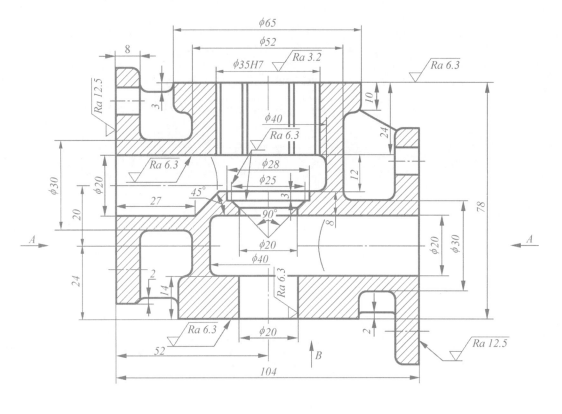

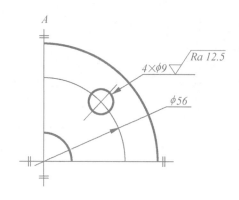

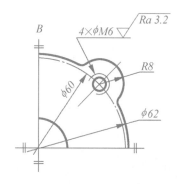

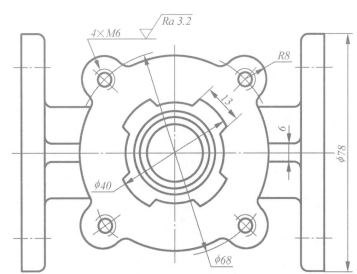

技　术　要　求
1. 未注铸造圆角 R3。
2. 3×90 锥面与零件2 对研。

| 阀　体 | 序号 | 1 | 比例 | 1∶1 |
| | 数量 | 1 | 材料 | ZH62 |

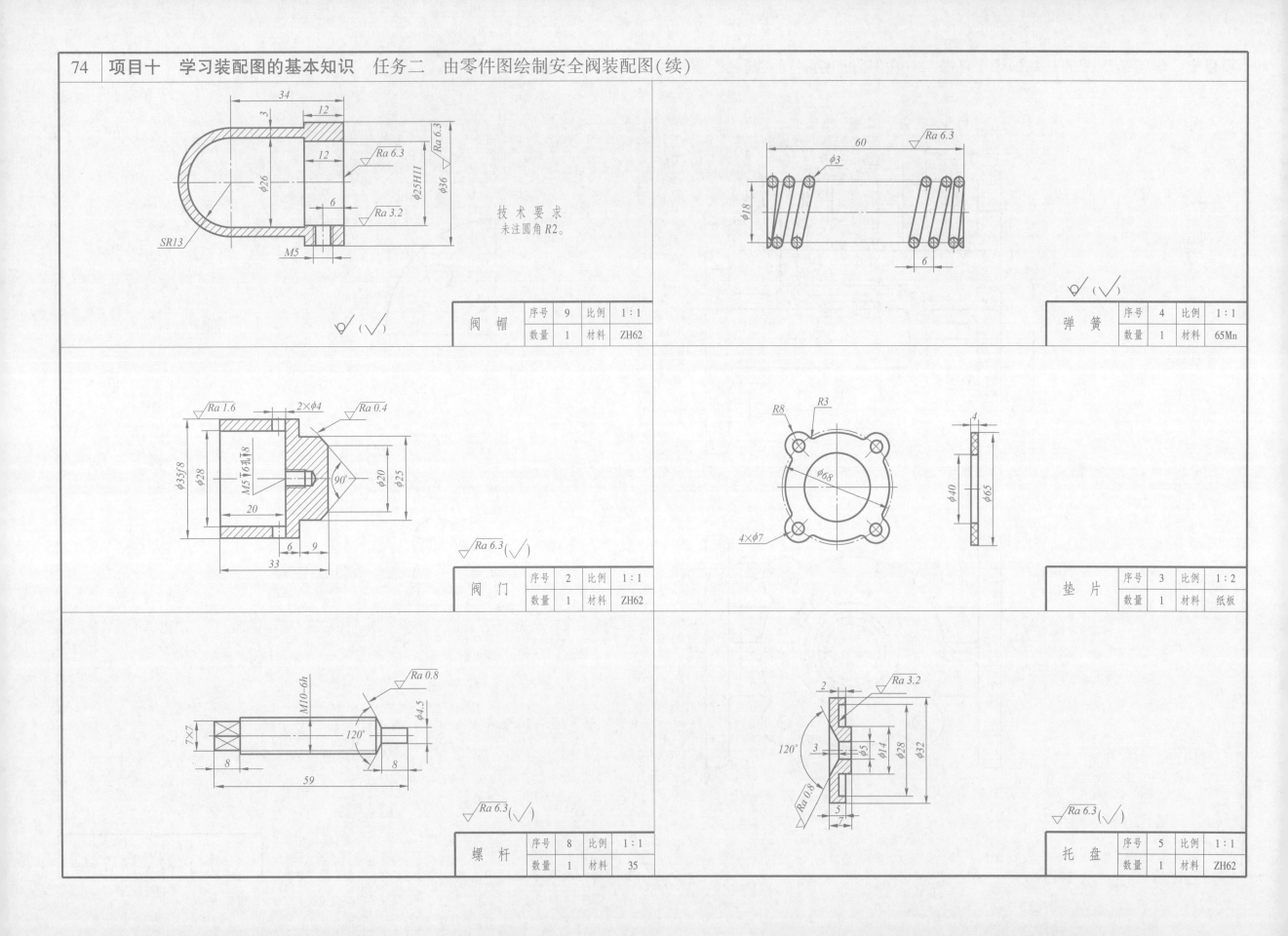

技术要求
未注圆角R2。

阀帽	序号	9	比例	1:1
	数量	1	材料	ZH62

弹簧	序号	4	比例	1:1
	数量	1	材料	65Mn

阀门	序号	2	比例	1:1
	数量	1	材料	ZH62

垫片	序号	3	比例	1:2
	数量	1	材料	纸板

螺杆	序号	8	比例	1:1
	数量	1	材料	35

托盘	序号	5	比例	1:1
	数量	1	材料	ZH62

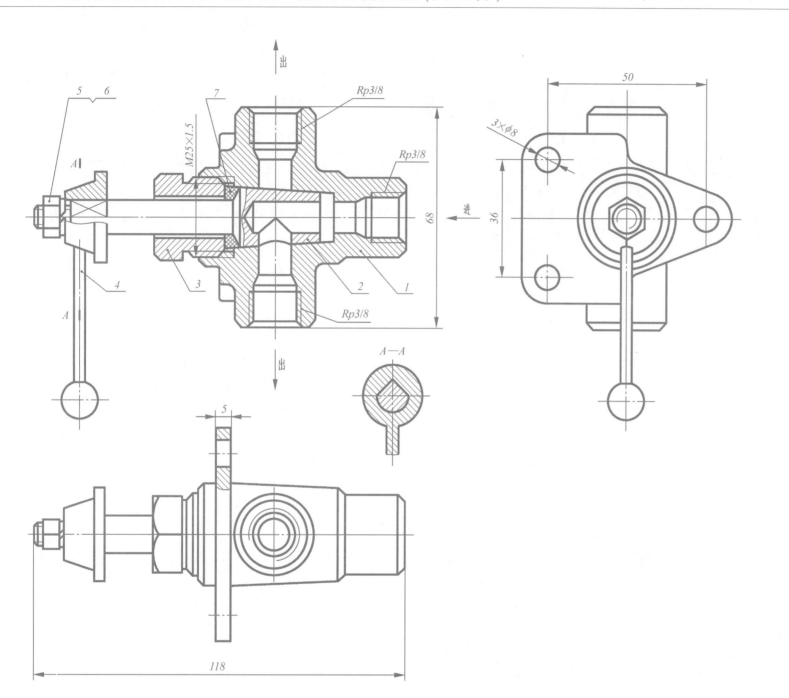

换向阀工作原理

　　换向阀用于流体管路中控制流体的输出方向。在左图中所示情况下,流体从右边进入,从下口流出。当转动手柄4,使阀芯2旋转180°时,下出口不通,流体从上出口流出。根据手柄转动角度大小,还可以调节出口处的流量。

　　读装配图,回答问题。

　　1. 本装配图共用＿＿＿＿＿个图形表达,A—A断面表示＿＿＿＿＿＿＿和＿＿＿＿＿＿之间的装配关系。

　　2. 换向阀由＿＿＿＿＿种零件组成,其中标准件有＿＿＿＿＿种。

　　3. 换向阀的规格尺寸为＿＿＿＿＿,图中标记Rp3/8的含义是:Rp是＿＿＿＿＿代号,它表示＿＿＿＿＿螺纹,3/8是＿＿＿＿＿代号。

　　4. 3×φ8孔的作用是＿＿＿＿＿＿＿,其定位尺寸为＿＿＿＿＿。

　　5. 锁紧螺母的作用是＿＿＿＿＿。

　　6. 拆画件1阀体或件2阀芯零件图。

7	填料	1	毛毡	
6	螺母	1	Q235	GB/T 6170
5	垫圈	1	C5Mn	GBT 93
4	手柄	1	HT200	
3	锁紧螺母	1	Q235	
2	阀芯	1	HT200	
1	阀体	1	HT200	
序号	零件名称	数量	材料	备注

换向阀		比例	1:1	图号	
		共　张		第　张	
绘图	(姓名)	(日期)	(班级)		(学号)
审核	(姓名)	(日期)	(学校)		(成绩)

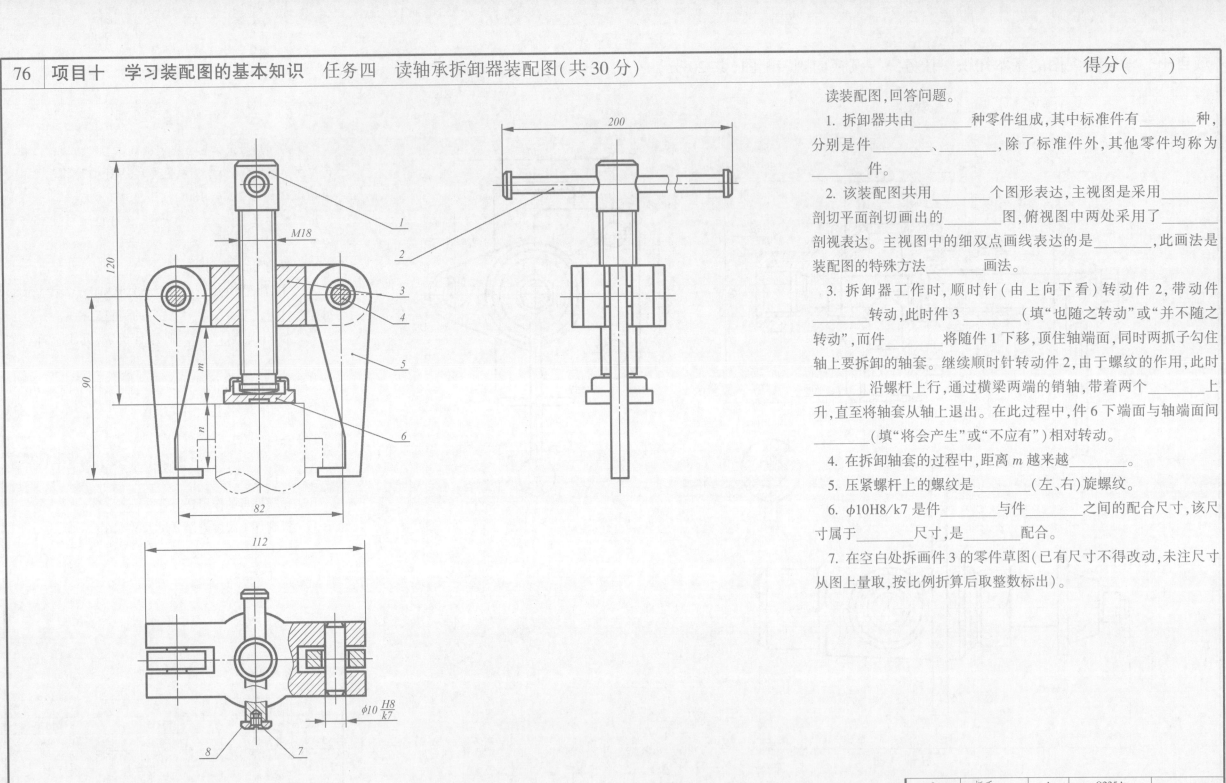

读装配图,回答问题。

1. 拆卸器共由_____种零件组成,其中标准件有_____种,分别是件_____、_____,除了标准件外,其他零件均称为_____件。

2. 该装配图共用_____个图形表达,主视图是采用_____剖切平面剖切画出的_____图,俯视图中两处采用了_____剖视表达。主视图中的细双点画线表达的是_____,此画法是装配图的特殊方法_____画法。

3. 拆卸器工作时,顺时针(由上向下看)转动件2,带动件_____转动,此时件3_____(填"也随之转动"或"并不随之转动",而件_____将随件1下移,顶住轴端面,同时两抓子勾住轴上要拆卸的轴套。继续顺时针转动件2,由于螺纹的作用,此时_____沿螺杆上行,通过横梁两端的销轴,带着两个_____上升,直至将轴套从轴上退出。在此过程中,件6下端面与轴端面间_____(填"将会产生"或"不应有")相对转动。

4. 在拆卸轴套的过程中,距离 m 越来越_____。

5. 压紧螺杆上的螺纹是_____(左、右)旋螺纹。

6. $\phi 10 H8/k7$ 是件_____与件_____之间的配合尺寸,该尺寸属于_____尺寸,是_____配合。

7. 在空白处拆画件3的零件草图(已有尺寸不得改动,未注尺寸从图上量取,按比例折算后取整数标出)。

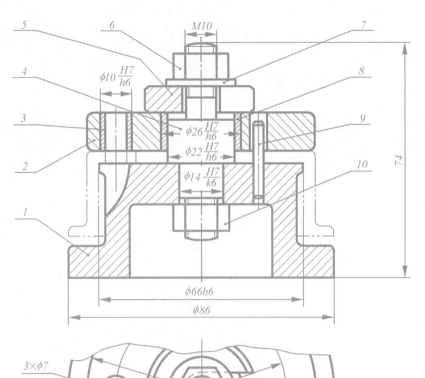

件1

钻模工作原理

　　钻模是在钻床上钻孔用的夹具,该钻模用于对工件中孔的加工。将工件(图中双点画线所示)放在件1底座上,然后装上件2钻模板。钻模板通过件9圆柱销定位后,再放置件5开口垫圈,并用件7垫圈、件6螺母压紧。钻孔时,钻头通过件3钻套的内孔定位,准确地在工件上钻孔。

读钻模装配图,回答问题。

(1)钻模由_____种零件组成,有_____个标准件。

(2)主视图采用_____图,表达了钻模的工作原理和零件之间的装配关系,俯视图采用_____视图。

(3)图中双点画线表示_____件,这种画法是_____画法。

(4)件4在剖视中按不剖切处理,仅画出外形,原因是_____。

(5)件1底座侧面弧形槽的作用是_____,此种槽共有_____个。

(6)φ22H7/h6 是件_____与件_____的_____尺寸,件4的公差带代号为_____,件8的公差带代号为_____。

(7)φ26H7/h6 表示件_____与件_____是_____制_____配合。

(8)件4和件1是_____配合,件3和件2是_____配合。

(9)φ66h6是_____尺寸,φ86是_____尺寸,74是_____尺寸。

(10)拆卸工件时,应先旋松件_____,再取下件_____,然后取下钻模板,取出被加工的零件。

(11)在指定位置补全件1底座的俯视图(尺寸从图上量取)。

10	螺母 M10	1	Q235	GB/T 41
9	销 3×30	1	35	GB/T119.1—2000
8	衬套	1	45	
7	垫圈 10	1	Q235	GB/T 97.1
6	螺母 M10	1	Q235	GB/T6177
5	开口垫圈	1	45	
4	轴	1	45	
3	钻套	3	T8	
2	钻模板	1	45	
1	底座	1	HT150	
序号	零件名称	数量	材料	备注

钻 模		比例	1:1	图号	
		共 张		第 张	
绘图	(姓名)	(日期)	(班级)	(学号)	
审核	(姓名)	(日期)	(学校)	(成绩)	

拆去零件7、8、9

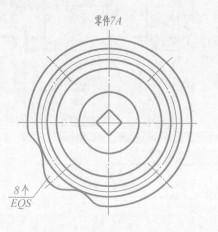

零件7A

8个
EQS

截止阀工作原理

当转动手轮 7 时,阀杆 3 通过与压紧螺母 4 的螺纹连接,阀杆便上、下移动,可以启闭阀门。为了密封,采用密封垫片 6,阀杆与压紧螺母 4 之间用密封圈 5。当需要泄去压力时可将泄压螺钉 2 打开,便可从 M14 螺孔中的 φ4 小孔泄去压力。

读装配图,回答问题。

1. 零件 7 A 是_____图,零件 7 _____(是、不是)对称的。

2. 在下方拆画件 3 阀杆的主视图(尺寸从图中量取)。

3. 用 A4 图纸拆画件 1 阀体全剖主视图和俯视图(虚线不画)。

9	螺母 M8	1	Q235	GB/T 6170
8	垫圈 8	1	Q235	GB/T 97.1
7	手轮	1	塑料	
6	密封垫片	1	毛毡	
5	O 型密封圈	2	丁氰橡胶	
4	压紧螺母	1	45	
3	阀杆	1	2Cr13	
2	泄压螺钉	1	2Cr13	
1	阀体	1	45	
序号	零件名称	数量	材料	备注
截 止 阀			比例 1:1	图号
			共 张	第 张
绘图	(姓名)	(日期)	(班级)	(学号)
审核	(姓名)	(日期)	(学校)	(成绩)

读滑动轴承装配图,回答问题。

1. 该装配体主视图采用的是_____剖视,反映了滑动轴承的工作原理和零件间的_____关系、连接方式。俯视图是采用沿着_____剖切和_____画法的半剖视图,左视图采用的是_____剖。

2. $\phi50H7$ 的含义:$\phi50$ 是_____,H 是_____,7 是_____,H7 是_____代号。

3. $2\times\phi17$ 是_____尺寸,$\phi50H7$ 是_____尺寸。4 号件与 5 号件之间是_____制,_____配合。

4. 在指定位置拆画件 3 轴承盖的半剖主视图和俯视图外形图(尺寸从图上量取)。

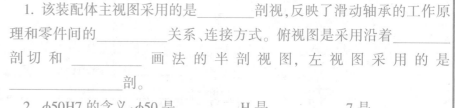

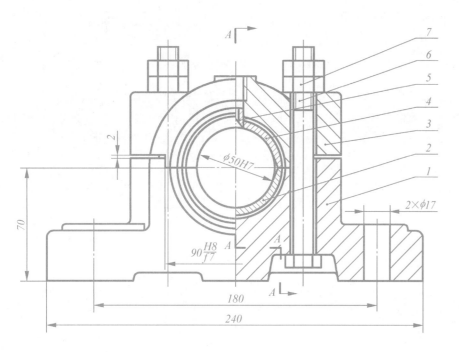

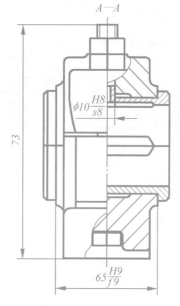

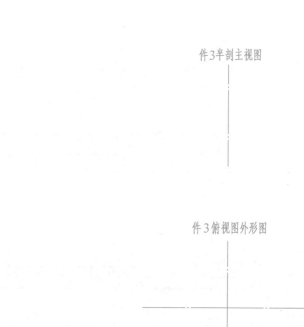

件3半剖主视图

件3俯视图外形图

拆去轴承盖、上轴衬等

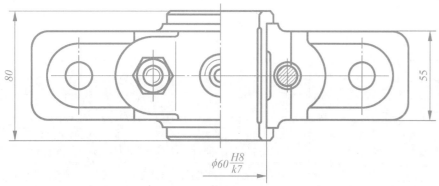

$\phi60\dfrac{H8}{k7}$

7	螺母	4	Q235—A	GB/T 6170	1	轴承座	1	HT200	
6	螺栓	2	Q235—A	GB/T 5782	序号	零件名称	数量	材　料	备　注
5	轴衬固定套	1	35		滑动轴承		比例 1:2	图号	
4	上轴衬	1	HT250				共　张	第　张	
3	轴承盖	1	HT200		绘图	(姓名)(日期)	(班　级)		(学　号)
2	下轴衬	1	Q235—A		审核	(姓名)(日期)	(学　校)		(成绩)

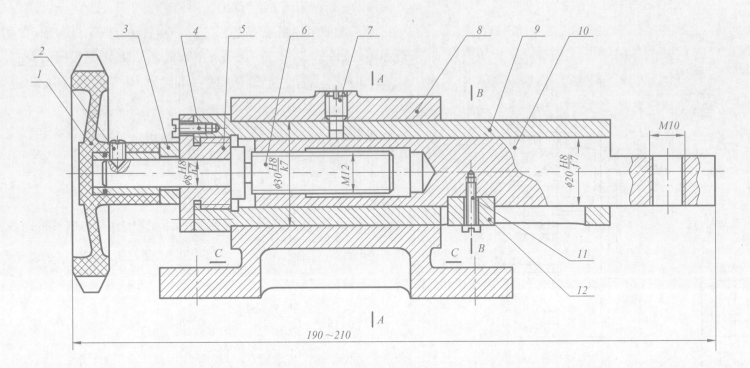

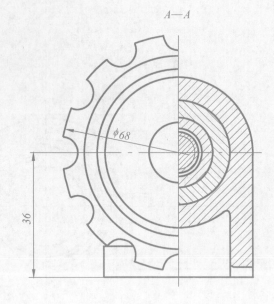

$A—A$

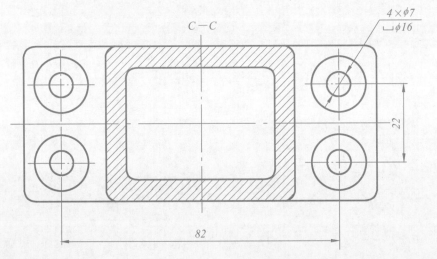

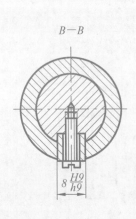

12	键	1	45	
11	螺钉 M3×14	1	Q235A	GB/T 65
10	导杆	1	45	
9	导套	1	45	
8	支座	1	ZL103	
7	螺钉 M6×12	1	Q235A	GB/T 75
6	螺杆	1	45	
5	轴套	1	45	
4	螺钉 M3×8	1	Q235A	GB/T 73
3	垫圈	1	Q235A	
2	螺钉 M5×8	1	Q235A	GB/T 71
1	手轮	1	胶木	
序号	零件名称	数量	材料	备注

微动机构	比例	1:1	图号	
	共 张		第 张	
绘图	(姓名)	(日期)	(班级)	(学号)
审核	(姓名)	(日期)	(学校)	(成绩)

微动机构工作原理

该部件为氩弧焊机的微调装置,系螺纹传动机构。

导杆 10 的右端头有一个螺孔(M10),为固定焊枪用的。当转动手轮 1 时,螺杆 6 做旋转运动,导杆 10 在导套 9 内做轴向移动进行微调。

导杆 10 上装有平键 12,它在导套 9 的槽内起导向作用。由于导套 9 用固定螺钉 7 固定,所以导杆 10 只做直线移动。轴套 5 对螺杆 6 起支承和轴向定位作用。为了安装方便,它的大端应铣扁,调整好位置后,用紧定螺钉 M3×8 固定。

读微动机构装配图,回答问题。

1. 本装配图由_____个图形表达,主视图采用_____剖视图,左视图采用_____剖视图,俯视图采用_____剖视图。

2. 该机构的微调距离是由_____决定的。

3. $\phi20H8/f7$ 表示件_____与件_____之间是_____制_____配合。

4. 导杆 10 与键 12 是通过_____连接的,该键的作用是_____。

5. 导杆 10 的拆卸顺序是_____。

6. 在指定位置画出支座 8 的左视图外形图。

7. 在指定位置画出导套 9 的全剖主视图。

支座 8

导筒 9

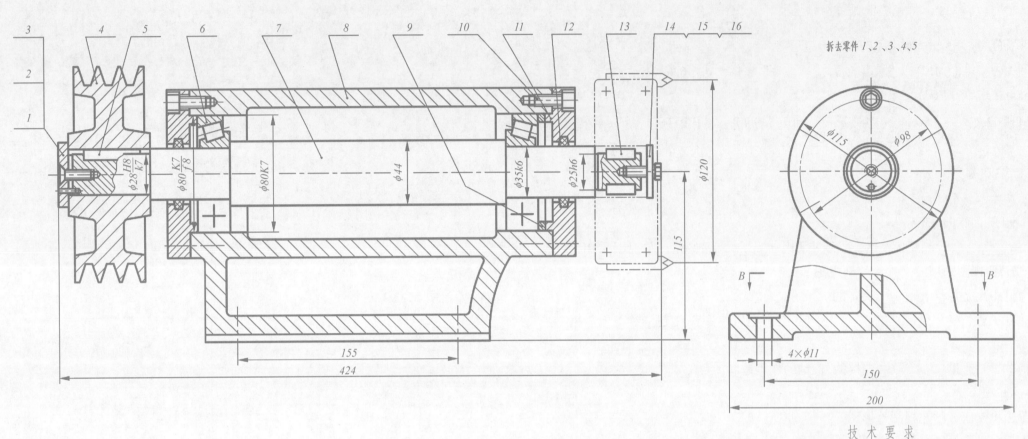

拆去零件1、2、3、4、5

技 术 要 求

1. 铣刀轴端的轴向窜动不大于0.01;

2. 主轴轴线对底面的平行度不大于0.04/100;

3. 轴最右端直径的圆跳动不大于0.02;

4. 刀盘定位端面对φ25轴线圆跳动不大于0.02。

铣刀头工作原理

铣刀头是一小型铣削加工用部件。铣刀头(右端双点画线所示)通过16、15、14号零件与7号零件固定,7号零件(轴)通过4号零件(带轮)和5号零件(键)传递运动,使7号零件旋转,从而带动铣刀头旋转进行铣削加工。

读铣刀头装配图,回答问题。

1. 主视图中155为_____尺寸,115为_____尺寸。

2. 左视图采用了拆卸画法、_____剖和简化画法。

3. 欲拆下件5,必须按顺序拆出件_____,便可取下件5。

4. 在配合尺寸φ28H8/k7中,φ28是_____尺寸,H表示_____,k表示_____,7表示_____,该配合尺寸属于_____制_____配合。

5. 按1:2比例画出B—B剖视图,并标注尺寸。

16	垫圈6	1	65Mn	GB/T93			6	轴承30307	2		GB/T 294
15	螺栓 M6×20	1	Q235—A	GB/T 5783			5	键 8×7×40	1	45	GB/T 1096
14	挡圈 B32	1	35				4	V带轮	1	HT150	
13	键 6×6×20	2	45	GB/T 1096			3	销 3×12	1	35	GB/T 119.1
12	毛毡 25	2	222-36				2	螺钉 M6×18	1	Q235—A	GB/T 68
11	端盖	2	HT200				1	挡圈 35	1	Q235—A	GB/T 891
10	螺钉 M6×20	12	Q235—A	GB/T 70.1			序号	零件名称	数量	材料	备注
9	调整环	1	35				铣 刀 头			比例 1:2	图号
8	座体	1	HT200							共 张	第 张
7	轴	1	45				绘图	(姓名)	(日期)	(班级)	(学号)
							审核	(姓名)	(日期)	(学 校)	(成绩)

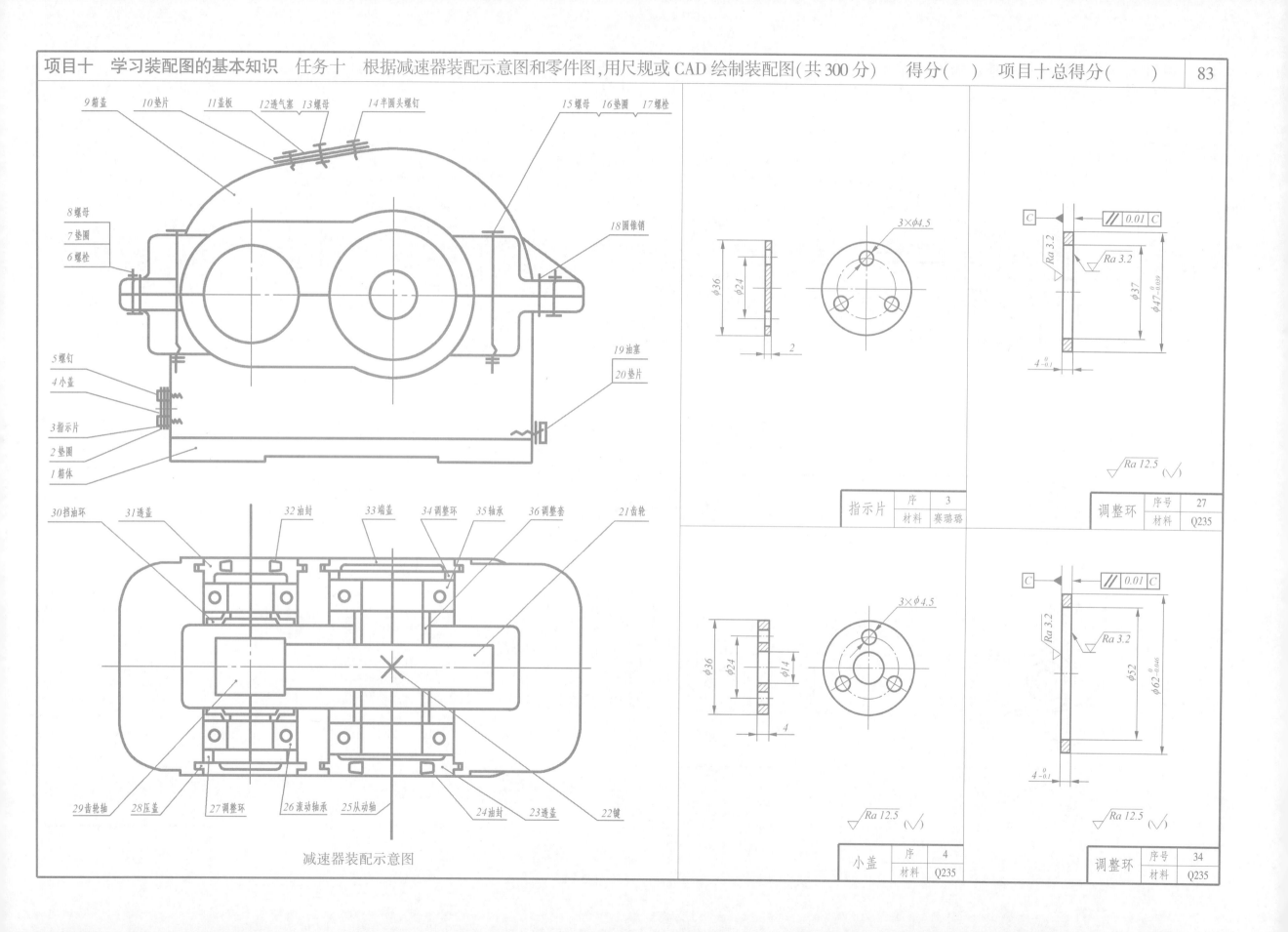

9箱盖　10垫片　11盖板　12透气塞　13螺母　14半圆头螺钉　15螺母　16垫圈　17螺栓

8螺母
7垫圈
6螺栓

18圆锥销

5螺钉
4小盖

19油塞
20垫片

3指示片
2垫圈
1箱体

3×φ4.5

φ36　φ24

2

3×φ4.5

指示片	序	3
	材料	赛璐璐

C

Ra 3.2　Ra 3.2

φ37　φ47⁰₋₀.₀₃₉

4⁰₋₀.₁

√Ra 12.5 (√)

调整环	序号	27
	材料	Q235

30挡油环　31透盖　32油封　33端盖　34调整环　35轴承　36调整套　21齿轮

29齿轮轴　28压盖　27调整环　26滚动轴承　25从动轴　24油封　23透盖　22键

减速器装配示意图

3×φ4.5

φ36　φ24　φ14

4

√Ra 12.5 (√)

小盖	序	4
	材料	Q235

C

Ra 3.2　Ra 3.2

φ52　φ62⁰₋₀.₀₄₆

4⁰₋₀.₁

√Ra 12.5 (√)

调整环	序号	34
	材料	Q235

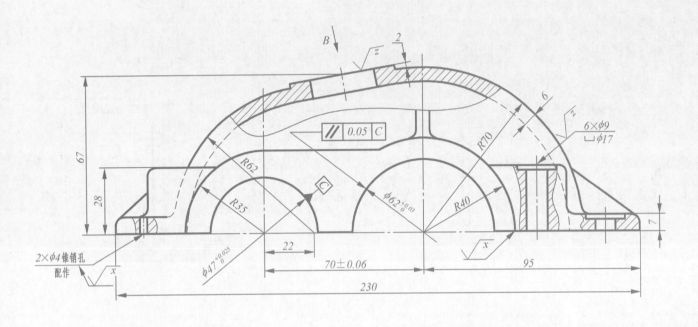

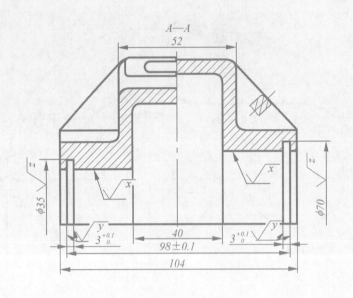

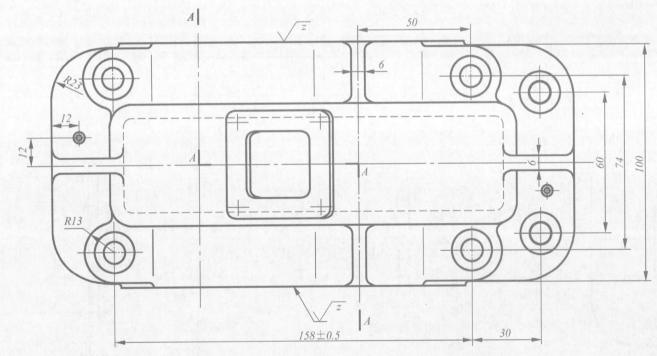

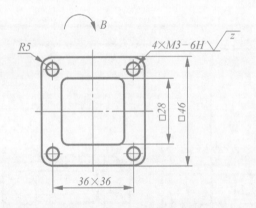

技 术 要 求
1.铸件需经时效处理,
  消除内应力。
2.铸造圆角 R2~R5。

$$\sqrt{x} = \sqrt{Ra\ 1.6}$$
$$\sqrt{y} = \sqrt{Ra\ 3.2}$$
$$\sqrt{z} = \sqrt{Ra\ 12.5}$$

$\sqrt{}(\sqrt{})$

箱盖	序号	9
	材料	HT200

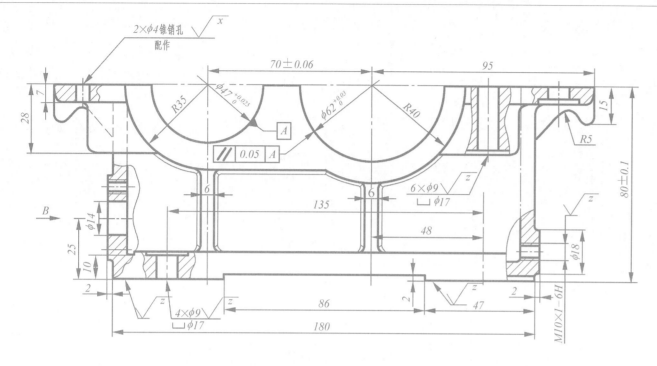

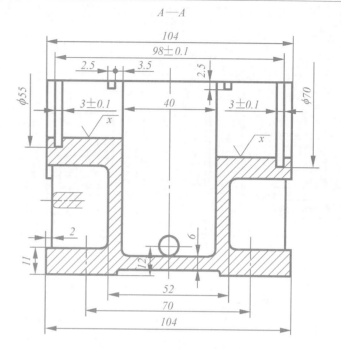

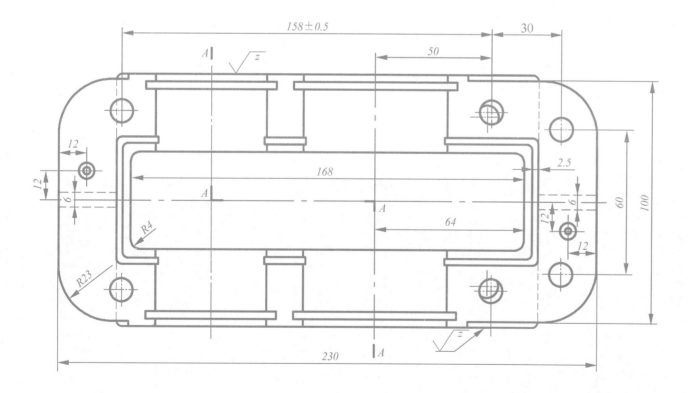

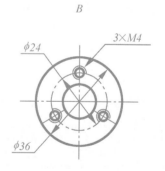

技 术 要 求
1.铸件需经时效处理,
 消除内应力。
2.铸造圆角 R2~R5。

$$\sqrt{x} = \sqrt{Ra\,1.6}$$
$$\sqrt{y} = \sqrt{Ra\,3.2}$$
$$\sqrt{z} = \sqrt{Ra\,12.5}$$

箱体	序号	1
	材料	HT200

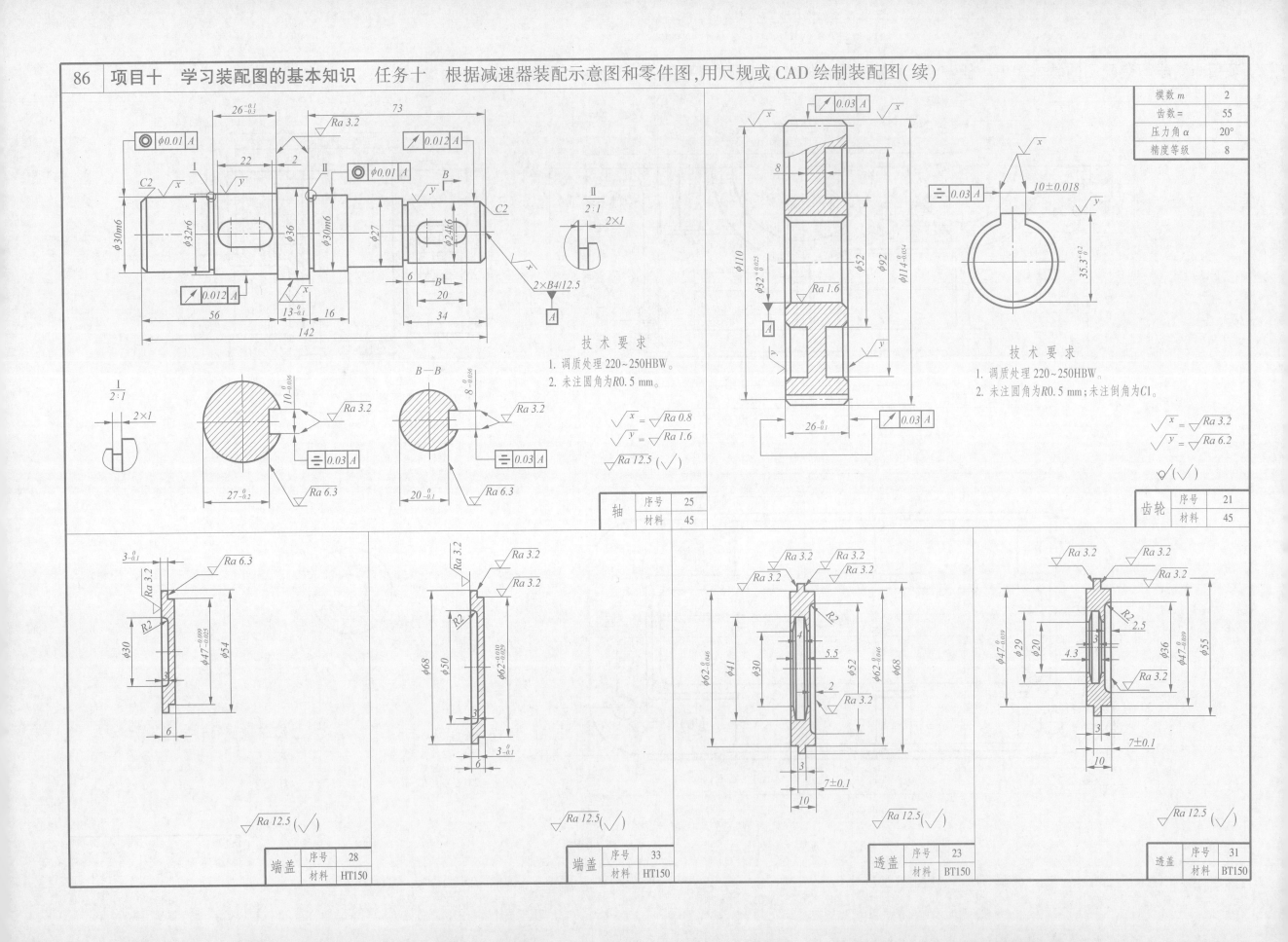

模数 m	2
齿数 =	55
压力角 α	20°
精度等级	8

技术要求

1. 调质处理 220~250HBW。
2. 未注圆角为R0.5 mm。

$\sqrt{x} = \sqrt{Ra\ 0.8}$
$\sqrt{y} = \sqrt{Ra\ 1.6}$

$\sqrt{Ra\ 12.5}$ $(\sqrt{})$

技术要求

1. 调质处理 220~250HBW。
2. 未注圆角为R0.5 mm;未注倒角为C1。

$\sqrt{x} = \sqrt{Ra\ 3.2}$
$\sqrt{y} = \sqrt{Ra\ 6.2}$

$\sqrt{(\sqrt{})}$

轴	序号	25
	材料	45

齿轮	序号	21
	材料	45

$\sqrt{Ra\ 12.5}(\sqrt{})$

端盖	序号	28
	材料	HT150

$\sqrt{Ra\ 12.5}(\sqrt{})$

端盖	序号	33
	材料	HT150

$\sqrt{Ra\ 12.5}(\sqrt{})$

透盖	序号	23
	材料	BT150

$\sqrt{Ra\ 12.5}(\sqrt{})$

透盖	序号	31
	材料	BT150

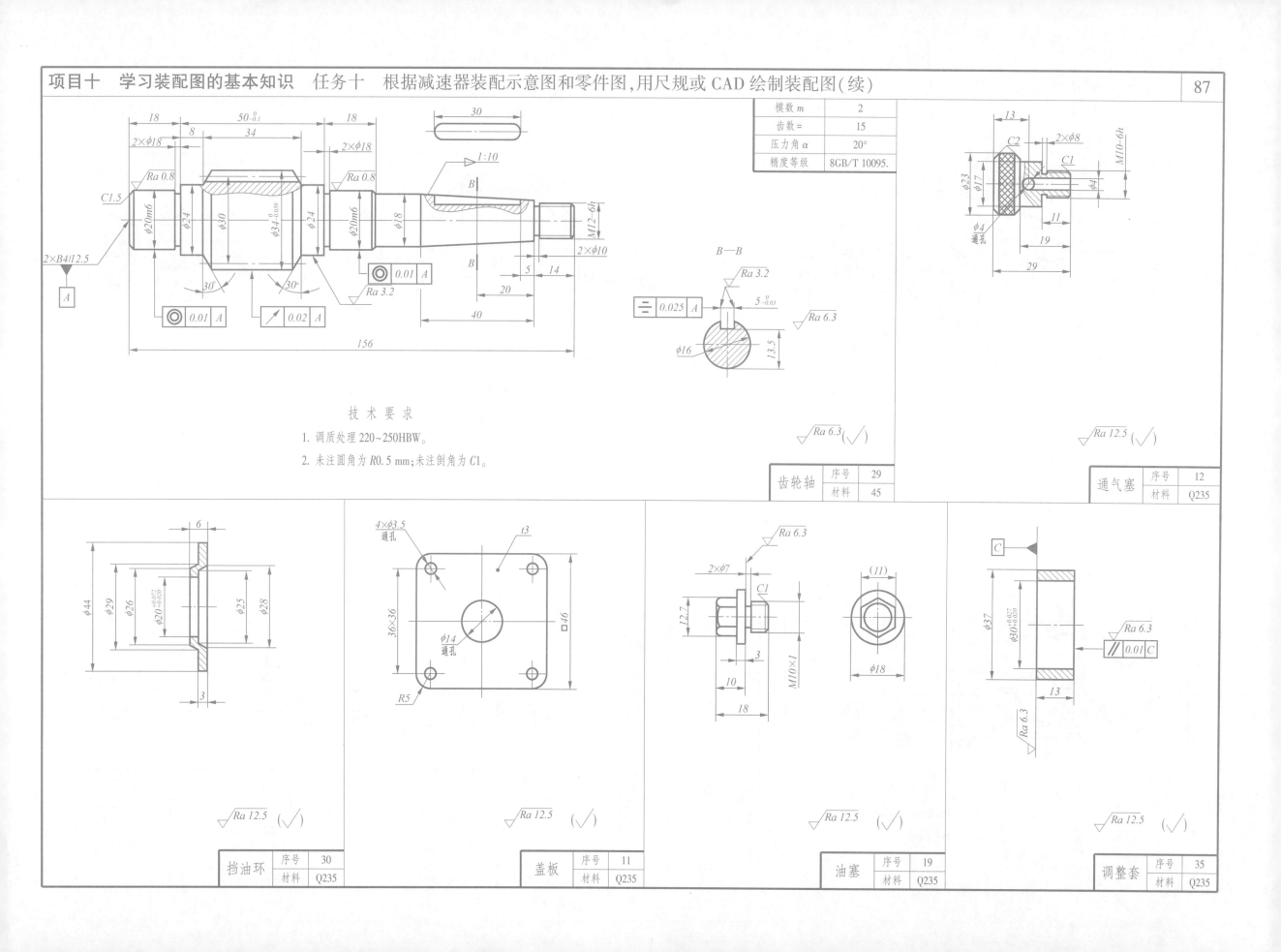

模数 m	2
齿数 =	15
压力角 α	20°
精度等级	8GB/T 10095.

技 术 要 求

1. 调质处理 220~250HBW。

2. 未注圆角为 R0.5 mm;未注倒角为 C1。

$B—B$

$\sqrt{Ra\ 6.3}(\sqrt{})$

$\sqrt{Ra\ 12.5}(\sqrt{})$

齿轮轴	序号	29
	材料	45

通气塞	序号	12
	材料	Q235

$\sqrt{Ra\ 12.5}(\sqrt{})$

$\sqrt{Ra\ 12.5}(\sqrt{})$

$\sqrt{Ra\ 12.5}(\sqrt{})$

$\sqrt{Ra\ 12.5}(\sqrt{})$

挡油环	序号	30
	材料	Q235

盖板	序号	11
	材料	Q235

油塞	序号	19
	材料	Q235

调整套	序号	35
	材料	Q235

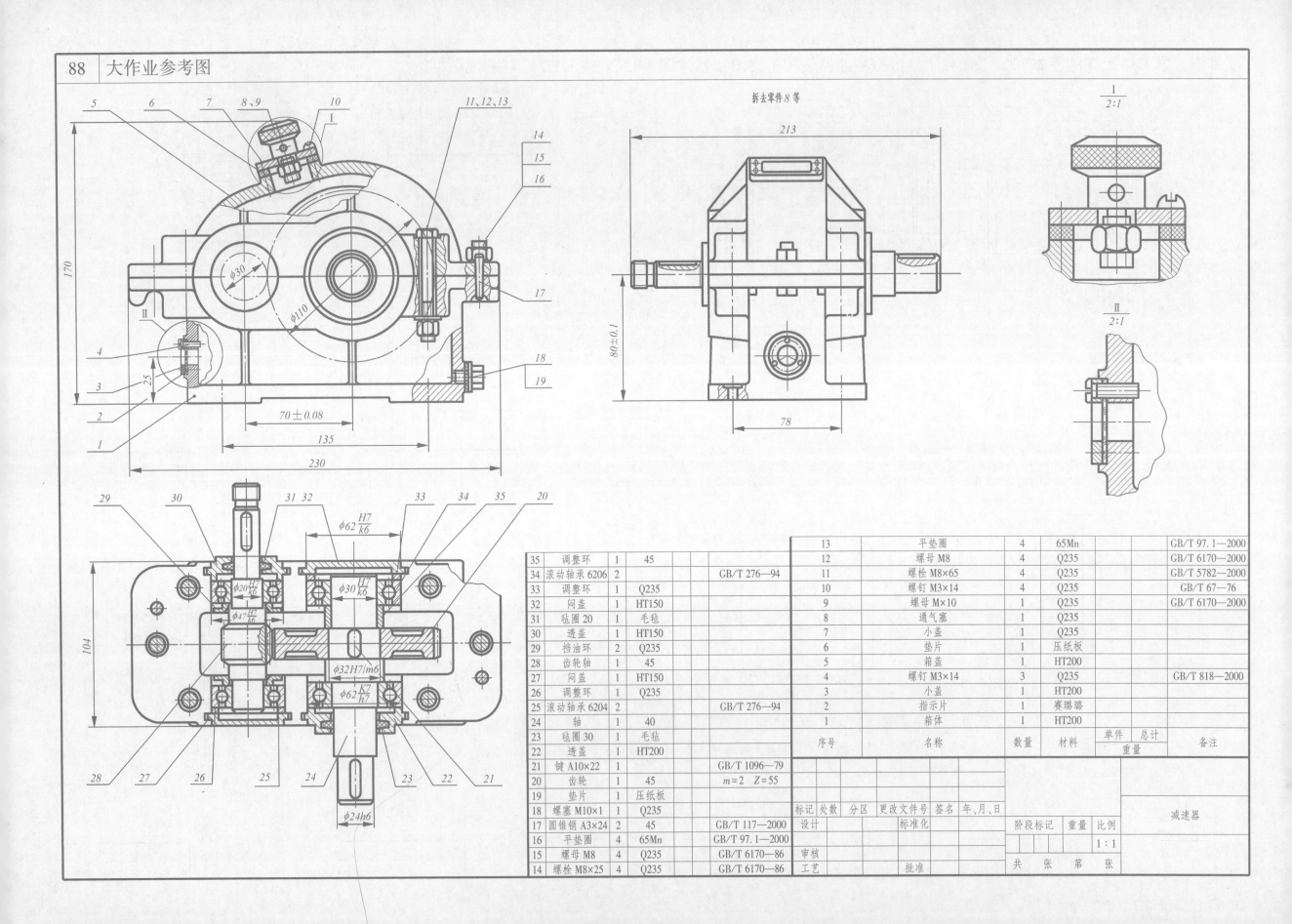

拆去零件8等

35	调整环	1	45	
34	滚动轴承 6206	2		GB/T 276—94
33	调整环	1	Q235	
32	闷盖	1	HT150	
31	毡圈 20	1	毛毡	
30	透盖	1	HT150	
29	挡油环	2	Q235	
28	齿轮轴	1	45	
27	闷盖	1	HT150	
26	调整环	1	Q235	
25	滚动轴承 6204	2		GB/T 276—94
24	轴	1	40	
23	毡圈 30	1	毛毡	
22	透盖	1	HT200	
21	键 A10×22	1		GB/T 1096—79
20	齿轮	1	45	m=2 Z=55
19	垫片	1	压纸板	
18	螺塞 M10×1	1	Q235	
17	圆锥销 A3×24	2	45	GB/T 117—2000
16	平垫圈	4	65Mn	GB/T 97.1—2000
15	螺母 M8	4	Q235	GB/T 6170—86
14	螺栓 M8×25	4	Q235	GB/T 6170—86

13	平垫圈	4	65Mn	GB/T 97.1—2000
12	螺母 M8	4	Q235	GB/T 6170—2000
11	螺栓 M8×65	4	Q235	GB/T 5782—2000
10	螺钉 M3×14	4	Q235	GB/T 67—76
9	螺母 M×10	1	Q235	GB/T 6170—2000
8	通气塞	1	Q235	
7	小盖	1	Q235	
6	垫片	1	压纸板	
5	箱盖	1	HT200	
4	螺钉 M3×14	3	Q235	GB/T 818—2000
3	小盖	1	HT200	
2	指示片	1	赛璐璐	
1	箱体	1	HT200	

序号	名称	数量	材料	单件	总计	备注
					重量	

标记	处数	分区	更改文件号	签名	年、月、日				
设计			标准化			阶段标记	重量	比例	减速器
								1:1	
审核									
工艺			批准			共 张 第 张			